AF558275

ENTWICKLUNG NACH 1945

VERDIENTE AKTIVISTEN

TRAKTOREN UND ACKER-SCHLEPPER DER DDR

Frank Rönicke

IMPRESSUM

Einbandgestaltung: Sven Rauert

Bildnachweis: Archiv Frank Rönicke, Elisabeth Siemer, Johann Jobst, Jens Langhof, Lutz Bruno, Bundesarchiv, Archiv Groba, Deutsches Landwirtschaftsmuseum Markkleeberg, Agra-Park Markkleeberg, Marko Müller, Audi Tradition, Gunnar Irmler, Lorenz Schwarz, Jens Zenker, Werner Mahler

ISBN: 978-3-613-04687-0

2. erweiterte Auflage 2024

Sie finden uns im Internet unter www.motorbuch-verlag.de

Lektorat: Joachim Kuch
Innengestaltung: ERWE-WERBUNG Ralf Weinreich, Halle/S.
Druck und Bindung: DFZ GRAFIK d.o.o, 1210 Ljubljana, Slowenia

INHALT

(Foto: Ralf Weinreich)

Vorwort

Wie im übrigen Kraftfahrzeugbau auch, war die spätere DDR nach dem Zweiten Weltkrieg im Traktoren- und Schlepperbau stark benachteiligt. Nur zwei klassische Hersteller, beide in Nordhausen ansässig, waren der Sowjetischen Besatzungszone (SBZ) geblieben, und zwar die Maschinenbau- und Bahnbedarf-AG, vormals Ohrenstein & Koppel (MBA) und die Nordhäuser Maschinenbau AG (Normag). Erschwerend für eine Wiederaufnahme der Produktion kam hinzu, dass die meisten Zulieferbetriebe im Westen ansässig und Warenlieferungen mit Beginn des Kalten Krieges kaum noch möglich waren. So konnten die zusammengelegten Nordhäuser Werke erst ab 1949 eine bescheidene Serienproduktion neuer 22-PS-Schlepper mit der Bezeichnung »Brockenhexe« beginnen. Im selben Jahr – zugleich Gründungsjahr der DDR – fiel in wei-

teren Werken, die vor dem Krieg ganz andere Produkte hergestellt hatten, der Startschuss zur Rad- und Kettenschlepper-Fertigung. So wurden aus den ehemaligen Brennabor-Werken in Brandenburg die Brandenburger Traktorenwerke (BTW), in denen zunächst der 30-PS-Radschlepper »Aktivist«, später dann verschiedene Kettenschlepper-Typen gebaut wurden. Die Horch-Werke Zwickau übernahmen aus Schönebeck die Fertigung des 40-PS-Radschleppers »Pionier«, der Traktor-Legende der DDR schlechthin, um sie schon 1950 wieder nach Nordhausen zu verlagern.

Diese ersten Typen von Schleppern entsprachen mehr oder weniger Vorkriegs-Baumustern, denen bis Mitte der 1950er Jahre Neu- und Weiterentwicklungen folgten. Mit dem Schönebecker Traktorenwerk, in dem 1953 die Montage von Geräteträgern anlief, standen der DDR drei Werke zur Verfügung, die in den Folgejahren recht aktiv für ein vielfältiges Programm sorgten. Das war nicht zuletzt durch die Unterstützung der Regierung, die wesentlich mehr Wert auf den Nutzfahrzeug-Sektor, denn auf die PKW-Produktion legte, möglich. Ein großer Zugtraktor der 80 bis 100 PS-Klasse, wie er für die Großflächen der kollektivierten Landwirtschaft notwendig war, fehlte bis dato allerdings. Das änderte sich, als ab 1967 in Schönebeck der ZT 300 gebaut wurde, der zum Einheits- und Standard-Traktor der DDR avancierte und der in der Folge alle vorhergehenden Modelle ablöste. Der ZT 300 und der ihm in den 1980er Jahren nachfolgende ZT 320 galten durchaus als moderne Traktoren ihrer Zeit. Letzterer überlebte die DDR dennoch nicht und beendete 1990 eine Ära, die einige richtungweisende Entwicklungen im Traktoren- und Schlepperbau hervorgebracht hatte.

Einige dieser Entwicklungen, die zwar nicht in eine Serienproduktion überführt werden konnten oder besser durften, aber doch als Meilensteine im DDR-Traktorenbau gelten, sollen in diesem Buch nicht unerwähnt bleiben.

Neben den Großserien-Traktoren hatte es in der DDR eine Vielzahl von kleinen Herstellern, bis hin zu Einzelstücken im Eigenbau gegeben. Soweit es der Autor für notwendig hält, werden die wichtigen auf Nebenschauplätzen und meist in kleineren Serien gebauten Traktoren vorgestellt. Berücksichtigt werden vor allem jene Fahrzeuge, die für den Einsatz in der Landwirtschaft konzipiert waren. Denn um die geht es vordergründig in diesem Buch.

Die Vielzahl von Einachsschleppern und Gartenfräsen konnte hier allerdings ebenso wenig berücksichtigt werden wie die diversen selbstfahrenden Landmaschinen. Hierzu bietet der Verlag die Bücher »DDR-Landmaschinen« und »Landmaschinen und Traktoren der DDR« an.

Für die große Zahl der Importtraktoren wird es einen Fortsetzungsband zu diesem Buch geben.

Frank Rönicke

Mein besonderer Dank gilt den Herren Eberhard Groba, und Gunnar Irmler, ohne die eine Realisierung dieses Buches nicht möglich gewesen wäre.

Für die Unterstützung beim Sammeln von Ideen, Fakten und Bildmaterial zu diesem Buch bedanke ich mich ferner ganz herzlich beim Freilichtmuseum Hohenfelden, bei Horst Fritz beim Landwirtschaftsmuseum Markleeberg, bei Michaela Hesslinger, Prof. Dr. Peter Kirchberg, Joachim Münch, Elisabeth Siemer, Dr. Winfried Sonntag, Jens Zenker und dem IFA-Museum Nordhausen.

Die Entwicklung der ostdeutschen Landwirtschaft nach 1945

Vor dem Zweiten Weltkrieg war die Landwirtschaft auf dem Gebiet der späteren DDR leistungsstärker als die im Westen und das bei schlechteren natürlichen Ausgangssituationen. Dies sollte sich nach dem Krieg ändern und die Produktivität im Osten lief der westdeutschen in den folgenden 45 Jahren stets weit hinterher.

Unter der Losung »Junkerland in Bauernhand« wurden »Naziaktivisten und Militaristen«, sowie Landbesitzer, die mehr als 100 Hektar Land besaßen, enteignet. Bis Ende 1949 waren das immerhin mehr als 14 000 Betriebe, die seit der im September 1945 von der Sowjetischen Militäradministration eingeleiteten Bodenreform ihren Besitz verloren. Der Sonderweg der ostdeutschen Landwirtschaft, der nicht automatisch der gleiche der sowjetischen Kolchosen war, begann.

Dass diese Vorgehensweise ökonomisch nicht sehr sinnvoll war, mögen einige Verantwortliche gewusst haben, aber politisch ging es in jener Zeit darum, breitere Besitzverhältnisse zu schaffen.

Das enteignete Land wurde an Landarbeiter, Handwerker, landarme Bauern und Vertriebene verteilt. Jeder bekam etwa acht Hektar, also ein überschaubares Feld, von dem man zwar genug ernten konnte, um satt zu werden, aber viel zu wenig, um rentabel zu wirtschaften und das Volk zu ernähren. Das erkannte die SED und plante die Kollektivierung des Landes. Auf der II. Parteikonferenz, im Jahre 1952, verkündete sie schließlich das Ziel, landwirtschaftliche Genossenschaften zu bilden. Eingeleitet wurde dieser Prozess schon vorher, als die SED begann, gegen die noch im Lande verbliebenen Großbauern zu agitieren und ihnen kaum zu erfüllende Plansolls aufzuerlegen. Tausende verließen daraufhin ihre Höfe und flohen in den Westen. Bis 1960, so plante das Zentralkomitee der SED 1957, sollte die Mehrheit der Bauern in Genossenschaften organisiert sein.

Die Landwirtschaft in der Sowjetischen Besatzungszone wurde durch die Bodenreform völlig umgestaltet. (Foto: Bundesarchiv)

Sie wurden davon überzeugt, dazu überredet oder gar genötigt, den Landwirtschaftlichen Produktionsgenossenschaften beizutreten. Für die Neubauern, die erst durch die Bodenreform zu Land gekommen und oft mit der Bewirtschaftung überfordert waren, konnte die kollektive Wirtschaft nur von Vorteil sein. Die größeren Bauern dagegen waren eher skeptisch.

1946 wurde die Vereinigung gegenseitiger Bauernhilfe als Massenorganisation für die Genossenschaftsbauern gegründet. Noch im gleichen Jahr begann sie auf dem Land ein Netz von Maschinen-Ausleih-Stationen (MAS, später MTS für Maschinen-Traktoren-Station) aufzubauen, die vor allem den kleinen und mittelgroßen Höfen

Anlässlich 40 Jahre Bodenreform in Wolfshagen errichtetes Denkmal. Die Enteignung der großen Bauernhöfe war schon der erste Schritt zum Niedergang der ostdeutschen Landwirtschaft. (Foto: Doris Antony)

Grammatik und Rechtschreibung? Hauptsache Sozialismus! In den Dörfern wurde für die LPG-Mitgliedschaft geworben.

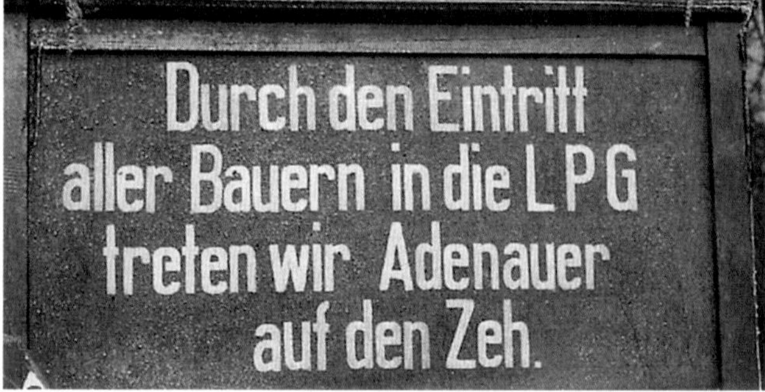

zugutekamen. Im Laufe der Jahre verlor die VdgB an Einfluss, ehe sie 1982 als Interessenvertretung der einzelnen Genossenschaftsbauern wiederbelebt wurde. Sie kümmerte sich jetzt vor allem um deren private Hauswirtschaften und die ländlichen Verkaufs- und Dienstleistungseinrichtungen.

Zunächst hatten sich die meisten Bauern zu LPGen des Typs I zusammengeschlossen. Das bedeutete, dass sie nur den Feldbau gemeinsam betrieben und das Vieh weiterhin in privaten Ställen und auf ihrem privat genutzten Grünland hielten. Die LPG Typ II, bei der auch das Grünland von der Genossenschaft bewirtschaftet werden sollte, war eine besondere Form, die keine praktische Relevanz hatte. Im Typ III schließlich, der im »Sozialistischen Frühling auf dem Land« 1960 propagiert wurde, sich aber erst Anfang der Siebzigerjahre endgültig durchsetzte, erhielt die LPG das volle Nutzungsrecht nicht nur über die land- und forstwirtschaftlichen Flächen, sondern auch über alles Vieh. In den Grundbüchern blieben übrigens immer die alten Besitzer als Landeigentümer eingetragen.

In den folgenden Jahren entstand eine von der Partei gelenkte »Großraumwirtschaft« mit Viehherden wie in Argentinien und Betrieben, die oft weit größer waren als die der enteigneten Großgrundbesitzer. Im sozialistischen Dorf sollten das Elend der Landarbeiter und die soziale Zersplitterung ein Ende haben. Für die Genossenschaftsbauern sollten wie für die Industriearbeiter geregelte Arbeitszeiten gelten. Das Gesetz über die Landwirtschaftlichen Produktionsgenossenschaften, dass der Ministerrat der DDR 1959 erlassen hat, erwähnt ausdrücklich, dass die LPGen auch der »Verbesserung der materiellen und kulturellen Lebensbedingungen der Landbevölkerung dienen« sollen. Die LPG wurde zum ökonomischen, kulturellen und sozialen Zentrum des Dorfes und ersetzte den Gutsherren und wei-

»Maschinen-Ausleih-Stationen« (MAS) sollten es anfangs den Bauern erleichtern, moderne Technik, soweit verfügbar, für die Bodenbearbeitung einzusetzen. Im Bild ein RS 02/22 »Brockenhexe«.

Vorn ein RS 08/15 »Maulwurf«, hinten ein RS 03/30 »Aktivist«. So sah das Leben auf einer MAS zu Beginn der 1950er Jahre aus.

Aus den MAS wurden zu Beginn der 1960er Jahre schließlich die MTS – Maschinen- und Traktoren-Stationen.

testgehend auch die Kirche. Ähnlich wie in früheren Zeiten blieben die Landbewohner ans Land gebunden. Laut LPG-Gesetz aus dem Jahre 1982 waren die Kinder der LPG-Mitglieder gehalten, selbst in der LPG tätig zu werden, um den »natürlichen Wechsel der Generationen der Klasse der Genossenschaftsbauern« zu gewährleisten.

Für viele LPG-Mitglieder wurde die LPG zu einer angenehmen Sache und die meisten arrangierten sich im Nachhinein mit der Kollektivierung. Wo die ehemaligen Privatbauern die Entfremdung vom eigenen Land und die mangelnde Freiheit beklagten, sahen die überzeugten LPG-Mitglieder geregelte Arbeitszeiten (die eine immer mehr in Blüte kommende private Feierabend-Landwirtschaft zuließen) und eine soziale Sicherheit.

Was vielen jedoch mißfiel war der große Einfluß, den die SED auf die Betriebe nahm. In den LPGen gab es, ähnlich wie in den volkseigenen Betrieben, neben der landwirtschaftlichen Führungsebene eine parallele Kontrollebene der SED, die überwachte, ob die Vorgaben der Räte der Kreise eingehalten wurden. Dadurch fühlten sich viele LPG-Vorsitzende gegängelt. Weil der Einfluß der SED auf die Leitungsebene so groß war und auch die Bauernpartei am Gängelband der SED nicht für mehr Freiräume sorgen konnte, hatten die einfachen Bauern innerhalb der LPG erst recht wenig zu sagen. Die Mitbestimmungsrechte waren in der Praxis bei weitem nicht so groß, wie es im LPG-Gesetz beschrieben war: Die Genossenschaftsbauern sollten ihre gemeinsame Arbeit »entsprechend den Prinzipien der Gleichberechtigung, der kameradschaftlichen Zusammenarbeit und der gegenseitigen Hilfe« verrichten. So stand es jedenfalls im Gesetzblatt der Deutschen Demokratischen Republik vom 12. Juli 1982 zum genannten LPG-Gesetz vom 2. Juli des gleichen Jahres.

Anfang der Achtzigerjahre waren 93 Prozent der landwirtschaftlichen Nutzfläche in der Hand der LPGen. Privater Landbesitz spielte ebenso eine untergeordnete Rolle wie die nach der Bodenreform im Herbst 1945 entstandenen Volkseigenen Güter (VEG) als Landes- bzw. Provinzialgüter.

In den Siebzigerjahren wurden gegen den Willen der großen Mehrheit der Genossenschaftsbauern einzelne LPGen zu größeren Einheiten zusammengeschlossen, die sich über die alten Gemarkungsgrenzen der Dörfer hinweg über mehrere tausend Hektar Land erstreckten. Es entstanden die Kooperativen Abteilungen Pflanzenproduktion (KAP) und die Zwischenbetrieblichen Einrichtungen (ZBE), gigantische Betriebszusammenschlüsse, die sich als nicht beherrschbar erwiesen. Dahinter verbargen sich die Ideen von Politbüro-Mitglied Gerhard Grüneberg, der einen

Aller Anfang ist schwer: Blick in den Hof einer um 1960 herum frisch gegründeten LPG.

Inszenierungen wie diese am 15. August 1952 sollten helfen, die noch selbständigen Bauern für die neue Genossenschaftsform zu gewinnen.

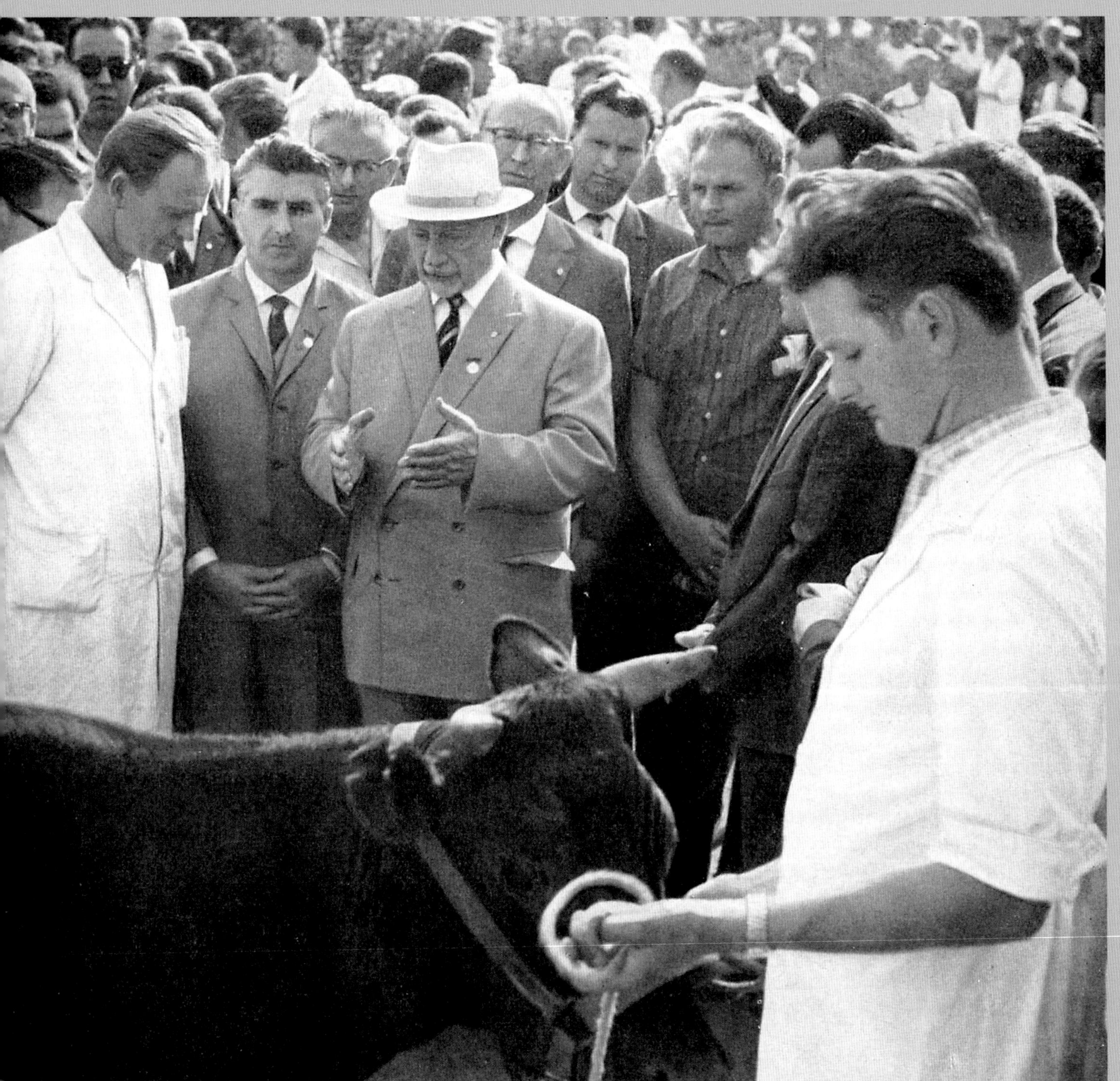

Die Staatsmacht nahm großen Einfluss auf das Geschehen in der Landwirtschaft. Hier zeigt sich Staats- und Parteichef Walter Ulbricht 1965 auf der »agra«.

Die Landwirtschaftsausstellung »agra« in Markkleeberg war stets ein Publikumsmagnet, vor allem, wenn, wie hier 1968 mit dem Mähdrescher E 512 neue Technik präsentiert wurde.

neuen Typ des Genossenschaftsbauern formen wollte, der auf »industriemäßige Weise arbeitet« und die »industriemäßigen Produktionsmethoden anzuwenden« versteht. Typisch sozialistisch-nichtssagendes Geschwätz.

Um die Industrialisierung der Landwirtschaft zu fördern, wurden die Genossenschaften schließlich in Spezialbetriebe für Tier- und Pflanzenproduktion geteilt. Auch das sollte die Effizienz steigern, verkehrte sich aber oft ins Gegenteil. Viele LPG-Leiter, die große Strukturen und industrialisierte Landwirtschaft generell befürworteten, waren mit dieser Trennung unzufrieden, weil sie gegen die natürliche Einheit von Tieren und Pflanzen verstieß. Aus landwirtschaftlicher Sicht störte die Leiter auch, dass die Politik auf dem Ziel der territorialen Eigenversorgung beharrte. In jeder Gegend der DDR sollten alle landwirtschaftlichen Produkte angebaut werden, unabhängig davon ob die Region dazu überhaupt geeignet war. Die Besonderheiten der einzelnen Böden wurden einfach nicht berücksichtigt. SED-Politiker, die eben keine Landwirte waren,

Die Kollektivierung der Landwirtschaft in der DDR ließ riesige Agrarflächen entstehen, für deren Bearbeitung entsprechende Maschinen entwickelt und gebaut werden mussten.

Das Warenzeichen des Kombinats Fortschritt Landmaschinen, wie es seit 1955 Bestand hatte.

definierten die Landwirtschaft auf ihre Art und Weise. In den meisten Bereichen der ostdeutschen Wirtschaft war das nicht anders.

Neben den LPGen existierten im Bereich der Landwirtschaft noch Volkseigene Güter (VEG), die nach 1945 gegründet, aus den bei der Bodenreform verstaatlichten Betrieben (im Besitz von Ländern, Kreisen oder Gemeinden) hervorgegangen waren. Nach dem Vorbild des sowjetischen Sowchos wurden die VEG Mitte der Fünfzigerjahre in so genannte »Leitbereiche« untergliedert. Es bildeten sich zentral gelenkte Wirtschaftseinheiten mit einem Haupt- und drei bis fünf Nebenbetrieben. Sie sollten als Musterbetriebe der übrigen Landwirtschaft dienen und wurden im Laufe der Zeit zu Spezialisten in Sachen Tier-, Pflanzenzucht oder Saatgutgewinnung. Auch die VEG sollten »kulturelle Stützpunkte auf dem Lande« sein. Von anfangs etwa 500 Betrieben entwickelten sich bis zu ihrer Blütezeit, Mitte der Sechzigerjahre, rund 600 VEG, die unter Verwaltung der Bezirkslandwirtschaftsräte standen. 1964 betrug die Gesamtwirtschaftsfläche der VEG 421.757 ha., 1989 bewirtschafteten noch 465 Betriebe etwa 449.000 ha.

Der mühsame Weg des Traktorenbaus in der DDR

Die wirtschaftliche Ausgangssituation nach dem Zweiten Weltkrieg und der erfolgten Aufteilung Deutschlands in Besatzungszonen, bedeutete für die damalige Sowjetischen Besatzungszone (SBZ) einen Anteil von 36 Prozent an der landwirtschaftlichen Nutzfläche. Dem standen nur 18 Prozent der Landmaschinenproduktionskapazitäten gegenüber. Dabei entfielen auf den Schlepperbau neun Prozent und auf den nicht nur dafür wichtigen Motorenbau sechs Prozent. Ebenso kritisch sah es mit der als Voraussetzung für einen Maschinenbau notwendigen stahlerzeugenden Industrie aus. Die Folge der Kriegszerstörungen und Demontagen von Betrieben sowie die Entnahme von Erzeugnissen aus der mühsam anlaufenden Produktionstätigkeit (Reparations-

Noch bis weit in die 1960er Jahre hinein waren Pferde ein wichtiger Bestandteil in der sozialistischen Landwirtschaft.

Für die MAS und MTS blieb der Pionier auf Jahre hinaus der wichtigste Ackerschlepper überhaupt. Die Rote Fahne war in diesem Fall (1952) wohl nur für den Fotografen aufgesteckt.

güter) durch die Besatzungsmacht ließen einen nur zögerlichen wirtschaftlichen Aufschwung zu.

Zudem wirkten die Überführung von Betrieben in Volkseigentum (Volkseigene Betriebe, VEB) und, speziell für die Landwirtschaft, die Enteignung landwirtschaftlichen Besitzes über 100 ha und die Parzellierung dieser Flächen zur Übergabe an landlose Interessenten und landarme Bauern, als »Bodenreform« bezeichnet, auf das wirtschaftliche Geschehen in der DDR ein. Fünf Jahre danach begann dann durch die Bildung Landwirtschaftlicher Produktionsgenossenschaften (LPG) wieder eine Konzentration landwirtschaftlicher Flächen.

Danach blieben für die Landwirtschaft nur noch zwei große Wirtschaftseinheiten übrig, die LPGs und die Volkseigenen Güter (VEGs). Dies wiederum stellte die Landmaschinen- und Traktorenindustrie vor nicht unerhebliche Probleme, da nun eine Mechanisierung in ganz anderen Maßstäben gefordert war.

In den ersten Nachkriegsjahren ging es darum, den entstandenen Kleinbetrieben landwirtschaftliche Arbeitsmittel zur Verfügung zu stellen und die durch den Krieg hervorgerufenen Defizite auszugleichen. Das waren vorrangig Geräte für den Tier-Gespannzug. Die entstehenden Großflächen erforderten später aber leistungsfähigere

Ein strahlender »Bester Traktorist« schaut wohl auch vor allem für den Fotografen aus seinem Pionier heraus.

Maschinen und Geräte, auch um der Fluktuation der Arbeitskräfte in der Landwirtschaft zu begegnen.

Die Traktorenproduktion in der SBZ, die sich dann ab Oktober 1949 als Deutsche Demokratische Republik deklarierte, lief unter schwierigsten Bedingungen an. Es gab nach 1945 praktisch keine Produktionsstätte für Traktoren mehr auf diesem Gebiet. Die vormals existierenden Betriebe gab es nicht mehr; die MBA (Maschinenbau und Bahnbedarf AG, vormals Orenstein und Koppel) hatte schon in den letzten Kriegsjahren die Traktorenproduktion eingestellt, NORMAG siedelte gleich 1945 in den Westen um und die FAMO-Werke in Breslau standen für eine Nutzung nicht mehr zur Verfügung. Obwohl die FAMO-Werke Anfang 1945 noch nach Schönebeck/Elbe in die dortigen Junkerswerke umgelagert wurden, waren sie kein produktionsfähiger Betrieb.

In die Übersicht potentieller Betriebe für den Schlepperbau müssen auch die ehemaligen Berliner Firmen Deuliwag, Primus und Stock als traktorenherstellende Fertigungsstätten und die Firma Kämper als Motorenproduzent mit einbezogen werden. Durch die Teilung Berlins

und auch durch andere Maßnahmen, die bereits vor 1945 ergriffen worden waren, schieden diese Firmen aber für den Aufbau einer Traktorenindustrie in der SBZ/DDR aus.

Erst im Jahr 1949 entstanden dann das Schlepperwerk Nordhausen, das Traktorenwerk Schönebeck und das Traktorenwerk Brandenburg. Die für die Landmaschinenfertigung bedeutenden alteingesessenen

Betriebe (die letztlich alle zu volkseigenen Betrieben wurden) waren Siedersieben in Bernburg, Rudolf Sack in Leipzig, Raussendorf in Singwitz und Klinger in Stolpen, um nur die Wichtigsten zu nennen.

IFA-Schlepper auf der Leipziger Messe 1954 von links nach rechts: KS 07/62 »Rübezahl«, RS 08/15 »Maulwurf« und RS 01/40 »Pionier«.

Der Brockenhexen-Bestand einer MTS im Jahre 1957.

Vorführung mit einem »Famulus« 1967 auf der agra in Markleeberg.

Schon 1951 begann mit der Bildung des Kombinates Fortschritt Neustadt/Sachsen ein Konzentrationsprozess in der Landmaschinenindustrie. Die Betriebe in Neustadt/Sachsen, Stolpen, Kirschau, Bischofswerda und Singwitz wurden vereinigt.

Das Traktorenwerk Schönebeck wurde 1973 dem Kombinat Fortschritt angegliedert, wobei 1985 noch die Zuordnung des Dieselmotorenwerkes Schönebeck zum Traktorenwerk Schönebeck erfolgte.

Auf der IGA 1967 wurde die Vorstellung des neuen GT 124 aufwändig in Szene gesetzt.

Im Herbst 1969 wurde das Weimarer Kombinat gebildet, dem weitere Landmaschinenbaubetriebe zugeordnet wurden. 1978 erfolgten weitere Zusammenschlüsse von Betrieben des Landmaschinenbaus.

Von den anfänglichen Traktorenproduzenten blieb schließlich nur das Traktorenwerk Schönebeck übrig.

Der Traktorenbau der DDR wurde in gewissem Sinne durch die im Rahmen des RGW (Rat für gegenseitige Wirtschaftshilfe) getroffenen Beschlüsse geknebelt, da ihm nur eine sehr schmale Produktionspalette innerhalb des Ostblocks zugestanden wurde, ein Sachverhalt, der bei aller Kritik am ostdeutschen Traktorenbau, meistens in den Hintergrund tritt.

Kundenübergabe eines neuen ZT 300 vor dem Verwaltungsgebäude des Traktorenwerks Schönebeck.

DDR-Traktoren-Typenkunde

Mit Beginn der staatlich gelenkten Traktorenproduktion wurde durch die Anfangsbuchstaben der gängigen Schlepperbezeichnungen »RadSchlepper« und »KettenSchlepper«, unter Zusatz der laufenden Entwicklungsnummer und der Leistungsangabe ein Typenbezeichnung geschaffen, die herstelleranonym, aber trotzdem informativ war. Das ergab zum Beispiel den Typ »RS 01/40«. RS stand für Radschlepper, 01 war die erste Eigenproduktion der DDR. Die 40 war die Leistungsangabe in PS. Der damaligen Tradition gemäß wurde der Zahlenkombination noch eine Zusatzbezeichnung beigefügt, die sich meist im allgemeinen Sprachgebrauch durchsetzte. Also im hier genannten Beispiel das Wort »Pionier«.

Es war vorgesehen, Typveränderungen in dieser Zahlenkombination mit einer durch Bindestrich folgenden arabischen Zahl kenntlich zu machen.

Beginnend mit der Produktion des RS 09 und

Mit der Umstellung der internen Typenbezeichnungen zu Beginn der 1960er Jahre wurde zum Beispiel aus dem RS 14/40 der RT 325.

insbesondere der Weiterentwicklung seiner Motoren entstanden erste Probleme in der Beibehaltung dieses Konzepts. Der allgemeinen Tendenz folgend, den Begriff Schlepper nur noch bedingt anzuwenden, wurden Anfang der sechziger Jahre die Abkürzungen RT für Radtraktor, GT für Geräteträger und KT für Kettentraktor eingeführt. Auch ES für Einachsschlepper kam zur Anwendung. Es folgten durch weitere Spezialisierung zur Anpassung an den Einsatzzweck Kennzeichnungen wie ZT für Zugtraktor, TT für Tragtraktor, HT für Hoftraktor und UT für Universaltraktor. Die PS-Angabe entfiel. Dafür wurde an das Buchstabenkürzel eine dreistellige Zahlenkombination angefügt, die konstruktionsspezifisch war.

Die vereinzelt in Betrieben mit staatlicher Beteiligung beziehungsweise in Produktionsgenossenschaften des Handwerks (PGH) gefertigten

Traktoren hatten in den meisten Fällen eigenständige Bezeichnungen.

Was der Krieg übrig gelassen hatte

Die Heinrich Lanz AG, Mannheim, stellte 1921 unter der Bezeichnung »Selbstfahrender Rohölmotor 12-PS-Bulldog« den ersten deutschen, in nennenswerten Stückzahlen gefertigten, Dieseltraktor vor, dem in den folgenden Jahren eine Reihe ähnlicher Konstruktionen folgte. Die Bulldogs, die nach Aussage ihres Konstrukteurs Huber »nicht einzylindrig genug« sein konnten (die Einfachheit der ventillosen 1-Zylinder-Zweitakt-Dieselmotoren war sprichwörtlich), waren bis in die Zeit des Zweiten Weltkriegs hinein mit rund 50 000 gebauten Exemplaren klarer Marktführer in Deutschland. Dazu kamen Tausende Schlepper diverser anderer Marken. Trotz dieser hohen Zahlen und der Tatsache, dass die Bauernschaft im Dritten Reich als ideologische Stütze hohes Ansehen genoss, wäre es falsch, anzunehmen, dass jeder Kleinbauer im Lande einen Ackerschlepper besaß. Vielmehr blieben Pferde und Ochsen auf deutschen Feldern, Feldwegen und Dorfstraßen noch lange nach dem Krieg die dominierenden »Zugmaschinen«.

Nach der Bodenreform im Jahre 1945 wurde sehr schnell alles enteignete und noch verfügbare Ackergerät den neu gegründeten MAS zur Verfügung gestellt. Lanz Bulldogs bildeten das Gros bei den Ackerschleppern.

Ein Lanz Bulldog im Urzustand, aber mit hohem Eigenbauanteil.

Immerhin boomte der Bau von Schleppern für die Landwirtschaft ab Mitte der 1920er Jahre und mit den in größeren Stückzahlen in den 1930er Jahren gebauten kleinen »Bauernschleppern« fanden die Dieselrösser doch eine recht große Verbreitung. Die größeren Schlepper blieben jedoch meist Großbetrieben, Gütern und Lohnunternehmen vorbehalten.

Noch während des Zweiten Weltkrieges bauten viele Hersteller weiterhin ihre Schlepper (oft auf Holzgas umgestellt), die aber zunehmend militärischen Zwecken dienten und als Wracks auf den diversen Kriegsschauplätzen endeten.

Ein Lanz-Typ HR 5 mit Halbraupen-Anbau.

Frauen waren von Anfang an in der ostdeutschen Landwirtschaft sehr aktiv und nicht selten saß eine hinter dem Lenkrad eines Ackerschleppers aus Vorkriegszeiten.

Dennoch überlebte eine Vielzahl von Schleppern die Kriegswirren und die oft nicht weniger schlimme Zeit danach. Allen voran natürlich die schier unverwüstlichen Lanz-Bulldogs, die auf Rädern oder Ketten über die Felder stampften.

Viele Lanz-Bulldog-Kettenschlepper blieben bis heute erhalten.

Auch einige FAMO-Radschlepper, dem Vorbild des RS 01/40 Pionier, hatten die Kriegswirren überstanden.

Besonders die Typen HR 5 und HR 8, beide mit den großen 10336-ccm-Zylindern oder der meistgebaute, kleine Typ HN 3, dessen Zylinder nur 4764 ccm aufwies.

Neben den Bulldogs waren in der sowjetischen Zone außerdem unter anderem anzutreffen: Deutz Stahlschlepper; die Hanomag-Typen RL 20, WD R 28/32, SR 45 und der Diesel-Bauernschlepper; Farmall F12 G; Pöhl Ackerbaumaschine; Allgeier R 18 und R 22; Fahr HG 25; Fendt Dieselross; Mc-Cormick-Schlepper (mit Vergasermotor); Kaelble Z 2 AS; Kramer Allesschaffer; MIAG Typ LD 20; PRIMUS P11 und P22; Stock Diesel-Schlepper. Besonders viele Exemplare gab es vom Eicher Ackerschlepper 25 PS, da dieser durch den sogenannten Schell-Plan (Verordnung über die »Typenbegrenzung in der Kraftfahrzeugindustrie« vom 2. März 1939) begünstigt war.

Mit der Gründung der MAS bildeten diese Fahrzeuge, die durch die Improvisationskünste der Schlosser relativ lange am Leben erhalten wurden, anfangs praktisch deren Fuhrpark. Improvisationstalent war nötig, denn die meisten Fabrikate kamen aus den Westzonen und waren deshalb, was die Ersatzteilversorgung in der Sowjetzone betraf, beinahe so weit entfernt wie der Mond.

Noch eine andere Art der Feldbearbeitung hatte den Krieg überlebt und soll hier erwähnt werden. Nicht nur, aber vor allem auf den großen Schlägen Mecklenburgs waren von Lohnunternehmen ab dem Ende des 19. Jahrhunderts bis zu den 1930er Jahren so genannte Heuke-Dampfpflüge eingesetzt worden. Dabei zogen über 20 t schwere Dampfmaschinen, die wie Dampflokomotiven aussahen, vom Feldrain aus mittels Stahlseilen schwere Pflüge übers Feld. Fünf Pflugschare und 30 cm Arbeitstiefe auf schweren Böden schaffte damals kein Rad- oder Kettenschlepper. Eine Firma aus Woldegk war mit mehreren Dampfmaschinen noch bis 1950 auf den großen

Im ehemaligen Röhr-Automobilwerk in Ober-Ramstadt entstanden ab 1938 die MIAG-Schlepper LD 20, von denen viele den Krieg überstanden.

Bis in die 1960er Jahre hinein waren solche Dampflokomobile, zum Pflügen mittels Seilzug auf schweren Böden, im Einsatz. Hier bei einer Vorführung in Rottelsdorf. (Fotos: Ralf Weinreich)

Feldern um Neubrandenburg herum unterwegs. Eine Arzberger Firma pflügte sogar in den 1960er Jahren noch einige große Schläge in der Gegend um Torgau herum.

Es muss nicht immer Acker sein: Ein alter Hanomag mit Holzvergaser bei einer Entrümpelungsaktion (oder Umzug?) in Berlin. (Foto: Manfred Beier)

Traktoren aus Nordhausen

(Foto: Ralf Weinreich)

Ein Standort mit Tradition
Nordhausen war der einzige Standort in der sowjetischen Besatzungszone bzw. der späteren DDR, an dem es auch schon vor dem Zweiten Weltkrieg eine echte Schlepper-Serienproduktion gegeben hatte. Und das gleich bei zwei verschiedenen Firmen.

Als wäre es gestern gewesen…

Schmidt, Kranz & Co

Die ältere von beiden geht auf die im Jahre 1841 vom Kupfer- und Messingschmied Oscar Kropff an der Johannestreppe gegründeten Kesselschmiede zurück. Dieser Betrieb erlangte nach 1860 durch seine leistungsstarken Eismaschinen Weltruhm. Missmanagement (gab es auch damals schon) und Qualitätsprobleme trieben die 1871 zur Aktiengesellschaft umgewandelte Firma Kropff & Co jedoch schon bald in den Ruin. Aus der Konkursmasse heraus entstand am 6. Juni 1885, unter dem Eisenspezialisten Erich Kranz, das Unternehmen Schmidt, Kranz & Co, das zunächst versuchte, die Eismaschinen-Fertigung wieder zu stabilisieren. Zusätzlich wandte man sich der Entwicklung und Produktion von hydraulischen und elektrischen Aufzügen zu. Ab 1887 wurden auch Fahrstühle gebaut. An ihren Kapazitätsgrenzen angelangt, übernahm die Firma 1892 die angeschlagene »Harzer Aktiengesellschaft für Eisenbahnbedarf, Hartguss und Brückenbau«,

Einer der ersten NORMAG NG 22 auf Probefahrt in der Uferstraße in Nordhausen im Jahre 1936. Der Fahrer war kein Geringerer als Konstrukteur Erwin Peucker. (Foto: Elisabeth Siemer)

verschmolz mit dieser und zog in deren größeren Betrieb in der Ullrichstraße. Im Programm blieben Fahrstühle und Hebevorrichtungen aller Art und ab dem Beginn des Zwanzigsten Jahrhunderts kamen Dampf- und Bergwerksmaschinen hinzu, die an den immer stärker werdenden, heimischen Kalibergbau verkauft werden konnten.

Zur Aktiengesellschaft umgewandelt, lautete der neue Firmenname ab dem 1. Januar 1906 »Schmidt, Kranz & Co. Nordhausen Maschinenfabrik, AG. Nordhausen a. Harz«. Mit dem sogenannten »Wasserbau« (Kanäle, Flusshafenanlagen) erschloss man sich ein neues Betätigungsfeld.

Da die AG nicht in die Kriegsproduktion eingespannt wurde, konnte sie sich, im Gegensatz zu vielen Rüstungsbetrieben, keine wirtschaftlichen

Mit einem 22 PS-Motor von Klöckner-Humboldt Deutz bestückt, avancierte der NG 22 zum Typ NG 10.

Am 22. März 1939 wurde der 1000. NORMAG-Schlepper, ein NG 22, ausgeliefert. (Foto: Elisabeth Siemer)

Vorteile für die Nachkriegszeit verschaffen. So ging man nach einer konjunkturellen Berg- und Talfahrt 1922 in den Besitz von Prof. Dr. Karl Glinz über, der es erst nach der Weltwirtschaftskrise schaffte, die Nordhäuser Firma wieder auf stabile wirtschaftliche Füße zu stellen. In diese Zeit hinein fallen auch die ersten Versuche im Schlepperbau. Von 1931 bis 1933 sollen bis zu 20 Knickgelenk-Schlepper als sogenannte »Motorpflüge« mit Einzylinder-Zweitakt-Glühkopfmotor (Rohöl), der 16 oder 20 PS leistete, gebaut worden sein. Wegen gravierender technischer Mängel sind die Versuche dann zunächst eingestellt worden. Aber schon 1935 legte man wieder einen Schlepper auf Kiel und hatte nun mit dem »TYP NG 22«, dessen erstes Serienmodell am18. September 1936 ausgeliefert wurde, mehr Erfolg. Mit einem Dieselmotor der Motorenwerke Mannheim (20 PS), dem Einheitsgetriebe und der Rosslenkung von ZF Ludwigshafen sowie der Kupplung von Fichtel & Sachs setzten die Nordhäuser auf zuverlässi-

Auch während des Krieges musste zu Hause die Ernte eingebracht werden, deshalb warb NORMAG in den Anfangsjahren des Zweiten Weltkrieges immer noch mit seinen Schleppern.

ge Standard-Bauteile und mit der gefederten vorderen Pendelschwingachse, dem gepolsterten Fahrersitz, der gefederten Anhängevorrichtung mit Sicherheitsmaul, der elektrischen Beleuchtung sowie der Riemenscheibe und Zapfwelle auch Maßstäbe im damaligen Schlepperbau.

Der Schriftzug NORMAG für Nordhäuser Maschinen AG wurde zum Warenzeichen dieser Schlepper und ab 1. April 1937 auch zum Namen einer neuen, eigenständigen Firma, die eigens für den Vertrieb dieser Fahrzeuge gegründet wurde, und zudem recht erfolgreich war, wie die Zahl von 4972 bis 1942 abgesetzten Schlepper beweist. 412 dieser Fahrzeuge waren mit einem 22-PS-Motor von Klöckner-Humboldt Deutz bestückt und wurden als TYP NG 10 verkauft.

Ein Normag-Schlepper mit unbekanntem Frontaufbau, der eine Mischung aus NG 22 und NG 25 darstellt.

Diesel wurde in den Kriegsjahren knapp und so waren auch die Nordhäuser Schlepperbauer gezwungen, ihren Schlepper auf Generatorbetrieb umzubauen. Aus dem NG 22 wurde so der Typ NG 25.

Die Weiterentwicklung des NG 22 sollte noch während des Krieges zu dessen Nachfolger NG 23 führen. Über eine Versuchsreihe von 19 Fahrzeugen kam man jedoch nicht mehr hinaus. Denn inzwischen hatte die Rüstungsproduktion mit einer umfangreichen Fertigungspalette Vorrang und Rohstoffe standen für zivile Produkte sowieso kaum noch zur Verfügung. Auch Diesel wurde strengstens rationiert, was die Nordhäuser veranlasste, aus dem NG 22 einen 25-PS-Schlepper mit Schwachgasmotor und dem damaligen Einheitsgenerator EG 60 Block zu bauen. Von diesem TYP NG 25 baute man bis April 1945 noch 2449 Einheiten, die fast ausschließlich an die Wehrmacht geliefert wurden.

Nach Kriegsende übernahmen die sowjetischen Besatzer das seit Ende der Dreißigerjahre personell und strukturell ständig gewachsene Werk und gliederten es in eine ihrer in Ostdeutschland entstehenden Aktiengesellschaften ein. Mit der Übersiedlung in das Zweigwerk in Zorge versuchte die alte Werkleitung dem russischen Zugriff zu

Die einstigen Besitzer wanderten wie so viele nach dem Krieg, in den Westen ab und bauten unter dem gleichen Markennamen in Zorge im Südharz mit mehr oder weniger Erfolg noch einige Jahre lang Ackerschlepper.

entgehen, was natürlich ein aussichtsloses Unterfangen war. Immerhin entstanden hier bis 1948 noch diverse Schlepper aus Restmaterialien.

Danach war es mit der Schlepperfertigung allerdings endgültig vorbei. Nach der Übergabe der Firma in DDR-Volkseigentum wurde sie zum Standort für Spezial- und Baumaschinen (VEB ABUS bzw. VEB NOBAS). Ab 1991 erfolgte die Rückbenennung in Schmidt, Kranz & Co.

Orenstein & Koppel

Der zweite Nordhäuser Schlepperbauer entstand aus der im Jahre 1905 gegründeten Firma Gerlach & König in der Kasseler Straße 30c. Das Unternehmen widmete sich der Fertigung von bergbautechnischen Geräten (Kalibergbau) wie zum Beispiel Bohrmaschinen, Bohrhämmer oder Kompressoren. Stationäre Rohölmotoren mit bis zu 100 PS und elf Tonnen Gewicht erweiterten bald die Produktionspalette. 1907 änderte sich die Werkbezeichnung in »Maschinenfabrik Montania vorm. Gerlach & König« und es begann der Bau von Klein- und Mittel-Lokomotiven der Klassen 8 – 30 PS für Schmal- und Normalspur. Die Antriebsaggregate stammten noch nicht aus eigener Fertigung.

Um die Vertriebsstrukturen deutlich zu verbessern, schloss sich Montania am 8. Juni 1912 mit seinen rund 70 Mitarbeitern der Firma Orenstein & Koppel (O & K) an. Daraus resultierte der neue Firmenname »Orenstein & Koppel, Arthur Koppel, Maschinenfabrik Montania, Nordhausen«. Mit dem Zusammenschluss übernahm Montania aus dem O & K Werk in Drehwitz die Fertigung von 2-Takt-Glühkopf-Rohölmotoren für ihre Lokomotiven. Die Beschäftigtenzahl stieg schnell auf 400 Mitarbeiter an, die sich während des Ersten Weltkrieges auf neue Produkte wie Motorlokomotiven mit langsam laufendem Ottomotor (Benzol) und Verdampfungskühlung umstellen mussten.

1916 ging die Montania vollends in der O & K, Arthur Koppel AG Berlin auf und die Firmenbezeichnung der Nordhäuser Fabrik lautete jetzt: »Orenstein & Koppel AG – Nordhausen«. Trotz der Ausweitung der Lokomotiven-Produktion nach dem Ersten Weltkrieg ging es mit der neuen Firma in den folgenden Jahren stetig bergab und

Ab 1937 baute auch Orenstein & Koppel, zu dieser Zeit noch unter diesem Markennamen, Traktoren. Ein Prospekt-Titel des Typs SA 751.

Auch der kleine 15-PS-Schlepper vom Typ SB 751 lief anfangs noch unter der Firmenbezeichnung Orenstein & Koppel.

Der 30-PS Schlepper vom Typ SA 751, Baujahr 1940, jetzt mit MBA-Logo. (Foto: Johann Jobst)

1925 folgte schließlich die komplette Einstellung der Fertigung. Nur durch die Stärke und die Exportbeziehungen von O & K konnte Anfang 1926 in bescheidenem Maße weiter produziert werden.

Ab 1928 kamen erstmals Dieselaggregate, die aus der eigenen Entwicklung stammten, für den Antrieb Nordhäuser Lokomotiven zum Einsatz. Nicht zuletzt die »Montania-Diesel« ließen das Werk die Weltwirtschaftskrise halbwegs überstehen, um gleich darauf mit Hitlers Arbeitsbeschaffungsprogramm einen ungeahnten Aufschwung zu erleben. Den jüdischen Besitzern nützte dies aber nichts mehr; in einer Welle von Enteignungen und Scheinverkäufen jüdischer Firmen in Deutschland wurde 1935 aus dem O & K-Betrieb die »Maschinenbau und Bahnbedarf AG Nordhausen« (MBA).

Maschinenbau und Bahnbedarf AG Nordhausen

1937 begann der Schlepperbau bei MBA. Zunächst handelte es sich um einen 30-PS-Schlepper mit O & K 2-Zylinder-Motor und der Bezeichnung SA

Geringfügig formverändert lief der Typ SB 751 in den 1940er Jahren dann auch unter dem MBA-Logo.

751. 1940, die Belegschaft hatte die Rekordzahl von 700 erreicht, kam durch die Halbierung des Motors der 15-PS-Schlepper SB 751 dazu. Die Leistung dieses »Bauernschleppers« erhöhte sich bald auf 17 PS. Beide Dieselmotoren vertrugen billigstes Rohöl, was sie bei der immer schlechter werdenden Versorgung mit Kraftstoffen interessant machte. Kriegsbedingt konnten allerdings keine großen Stückzahlen mehr gefertigt werden und so verließen von 1937 – 1942 1401 SA 751 und von 1938 – 1942 nur ganze 405 SB 751 das Werk.

Ein MBA SB 751 aus dem Jahre 1941. Als »Bauernschlepper« wurden kleine Traktoren von den Nazis besonders gefördert. (Foto: Johann Jobst)

Danach wurde auch der Lokomotivbau ein- und die Fertigung auf Maybach-Panzermotoren der Typen HL 12 TRM und HL 108 umgestellt. Zu deren Fertigung holte man insgesamt 1420 Zwangsarbeiter nach Nordhausen.

Nach dem Krieg

Am 11. April 1945 marschierten die Amerikaner in Nordhausen ein, nachdem sie die Stadt in der Woche zuvor durch Bombenangriffe zu 80% zerstört hatten. Interessanterweise standen nur die Wohngebiete in Flammen, MBA wie auch NORMAG blieben unbeschädigt. Allerdings nicht lange. Mit der Neugründung der »Montania GmbH« im Juni 1945 versuchte man wieder eine Schlepperfertigung aufzuziehen. Dagegen hatten aber die Sowjets etwas, die am 1. Juli 1945, nach endgültig feststehendem Verlauf der Besatzungsgrenzen, in Nordhausen einzogen und bald die völlige Demontage und anschließende Sprengung des ehemaligen Rüstungslieferanten anordneten. Bis August 1947 dauerte die Zerstörung des Standortes Kasseler Straße 30c, die nur noch eine Trümmerwüste übrigließ. Zwischenzeitlich war die Montania in »Fa. Motorenbau AG Nordhausen« umbenannt worden.

Ebenfalls im Sommer 1947 beriet man in der Deutschen Zentralverwaltung Industrie (DZVI) über eine Schlepperfertigung in der SBZ, mit dem Ziel, unter anderem einen 22-PS-Schlepper in Nordhausen und einen 40-PS-Schlepper in Schönebeck zu bauen. Für den kleineren Schlepper war zunächst die NORMAG vorgesehen, die sich zwar auch grundsätzlich bereit erklärte, auf Grund von ebenfalls erlittenen Demontagen die angepeilten Stückzahlen aber nicht garantieren wollte. Daraufhin kam die Montania ins Gespräch, der man aber keinesfalls eine privatwirtschaftliche Weiterführung des Betriebes gestattete. Deshalb wurde am 1. Mai 1948 der

Vom Normag-Typ NG 25 und dem MBA (O&K)-Schlepper SA 751 wurden nach dem Krieg noch einige Fahrzeuge aus Ersatzteilen aufgebaut.

»Landeseigene Betrieb (LEB) Motoren- und Fahrzeugbau Nordhausen« mit anfangs elf Mitarbeitern gegründet. Durch die Übertragung des gesamten Geländes an der Kasseler Straße, einem

Kredit von 300 000 Mark und 49 gebrauchten Werkzeugmaschinen war wieder eine bescheidene wirtschaftliche Grundlage vorhanden. Weitere ehemalige Montania-Mitarbeiter konnten rekrutiert und in verbliebenen Nebengebäuden Ersatzteilfertigungen und eine Reparaturwerkstatt eingerichtet werden. Eine geplante Ersatzteilfertigung für NORMAG-Schlepper kam nicht zustande; die beiden ehemaligen Schlepper-Produzenten fuhren weiterhin auf getrennten Wegen.

Die Schlepperfertigung im VEB

Mit Beginn der Zentralisierung und Bündelung der Industrie in der SBZ gliederte man den ehemaligen O & K-Betrieb am 1. Juli 1948 als »VEB IFA Schlepperwerk Nordhausen« der Industrieverwaltung Fahrzeugbau (IFA) an. Die immer noch existierende private Montania-Firma mit Sitz am Altentor kam nun mit samt des verbliebenen Vermögens in die treuhänderische Verwaltung des staatlichen Schlepperwerkes. Dieses erhielt zudem aus einem Sonderplan 4,5 Millionen Mark für den Wiederaufbau. In Windeseile entstanden bis Mitte November 1948 zwei neue Fertigungs-

hallen und ein Jahr später waren schon acht Produktionshallen, eine Trafo-Station, ein Heizwerk und diverse Nebengebäude fertig. Im Juli 1949 begann die Serienproduktion des 22-PS-Schleppers »Brockenhexe«.

Ende 1950 übernahm man die Fertigung des RS 01/40 »Pionier« aus Zwickau. Für die Kapazitätserweiterung wurden ab 1951 umliegende Werke in Sondershausen, Treffurt und Haynrode angegliedert.

In den Folgejahren löste der RS 04/30 die Brockenhexe ab und wurde dann 1956 selbst durch den verbesserten RS 14/30 »Famulus« ersetzt. Im gleichen Jahr wandelte sich der modernisierte Pionier zum Typ »Harz«. Mit der Weiterentwicklung der Famulus-Reihe hin zu den Typen RT 315 und RT 325 konnten auch die Exporte nach Asien, West- und Osteuropa, Afrika und Südamerika ständig gesteigert werden.

»Mit Stalin ist der Sieg«. Das Schlepperwerk Nordhausen im Jahre 1952. Ungewöhnlich viele dringend in der Landwirtschaft benötigte Traktoren vom Typ »Pionier« bevölkern das Gelände.

Der ab 1978 in Nordhausen gebaute 100-PS-Dieselmotor für den Schönebecker ZT 300.

Vom Traktoren- zum Motorenproduzenten
1963 erreichte das Werk mit 8311 gefertigten Traktoren seinen höchsten Produktionsausstoß. Da war das Ende des Schlepperbaus in Nordhausen aber schon beschlossene Sache. Mit der grundlegenden Umgestaltung der Nutzfahrzeugherstellung in der DDR fiel den Nordhäusern künftig die Rolle eines Motorenproduzenten, unter anderem für künftige Traktoren (ZT 300) und LKW (W 50), zu. Mit Wirkung vom 1. Juli 1965 hieß das Werk an der (jetzt) Fr.-v.-Stein-Straße 30c »VEB IFA Motorenwerke« und übernahm faktisch die Fertigung der bis dahin im VEB Sachsenring, Zwickau, gefertigten 4-Zylinder-Diesel-Motoren. Das erste Stück lief am 27. Februar 1965 vom Montageband und neun Monate später, am 1. November 1965, verließ der letzte Famulus – es war der 69 694. Traktor der VEB-Produktion – den Prüfstand.

2220 Beschäftigte zählte das Werk in seinem letzten Traktoren-Jahr. Obwohl im Laufe der folgenden Jahrzehnte auf einem für DDR-Verhältnisse sehr modernen Stand gehalten, konnte das Werk den Sprung in die Marktwirtschaft nach 1990 nicht überleben. Dies vor allem deshalb, weil nach dem Ende der Traktorenproduktion in Schönebeck und dem fast gleichzeitigen Ende der LKW-Fertigung in Ludwigsfelde die größten Auftraggeber praktisch über Nacht wegfielen und Ersatz nicht gefunden werden konnte. Von etwa 4000 Beschäftigten im Jahre 1990 verblieben der »Thüringer Motorenwerke GmbH Nordhausen« 1993 noch etwa 100 Mitarbeiter. Der Betrieb dümpelt bei wechselnden Besitzverhältnissen und phantasievollen Zukunftsvisionen so vor sich hin.

Die ersten Schlepper nach 1945
Noch während des Zweiten Weltkrieges bauten viele Hersteller weiterhin ihre Schlepper (oft auf Holzgas umgestellt), die aber zunehmend militärischen Zwecken dienten und als Wracks auf den diversen Kriegsschauplätzen endeten.

Dennoch überlebte eine Vielzahl von Schleppern die Kriegswirren und die oft nicht weniger schlimme Zeit danach. Allen voran natürlich die schier unverwüstlichen Lanz-Bulldogs, die auf Rädern oder Ketten über die Felder stampften. Besonders die Typen HR 5 und HR 8, beide mit den großen 10336-ccm-Zylindern oder der meistgebaute, kleine Typ HN 3, dessen Zylinder nur 4764 ccm aufwies.

Neben den Bulldogs waren in der sowjetischen Zone außerdem unter anderem anzutreffen: Deutz Stahlschlepper; die Hanomag-Typen RL 20, WD R 28/32, SR 45 und der Diesel-Bauernschlepper; Farmall F12 G; Pöhl Ackerbaumaschine; Allgeier R 18 und R 22; Fahr HG 25; Fendt Dieselross; Mc-Cormick-Schlepper (mit Vergasermotor); Kaelble Z 2 AS; Kramer Allesschaffer; MIAG Typ LD 20; PRIMUS P11 und P22; Stock Diesel-Schlepper. Besonders viele Exemplare gab es vom Eicher Ackerschlepper 25 PS, da dieser durch den sogenannten Schell-Plan (Verordnung über die »Typenbegrenzung in der Kraftfahrzeugindustrie« vom 2. März 1939) begünstigt war.

Mit der Gründung der MAS bildeten diese Fahrzeuge, die durch die Improvisationskünste der Schlosser relativ lange am Leben erhalten wurden, anfangs praktisch deren Fuhrpark. Improvisationstalent war nötig, denn die meisten Fabrikate kamen aus den Westzonen und waren deshalb, was die Ersatzteilversorgung in der Sowjetzone betraf, beinahe so weit entfernt wie der Mond.

Wie die meisten deutschen Kraftfahrzeughersteller in Ost und West versuchten auch die Nordhäuser Schlepperbauer ihre bis 1945 gefertigten Schlepper weiter zu montieren oder Weiterentwicklungen in eine Serienproduktion zu

Der Normag NG 22 war die Ausgangsbasis für weitere Schlepperkonstruktionen der Nordhäuser Firma.

Ein Normag NG 10 mit Deutz-Motor und Eisenrädern. Rohstoffmangel während und nach dem Krieg ließen den Herstellern oft keine andere Wahl. (Foto: Elisabeth Siemer)

überführen. Das war nach den Demontagen und weitgehenden Zerstörungen der Werke natürlich ein schwieriges Unterfangen. Außerdem erwiesen sich die lange ungeklärten Besitzverhältnisse als Hemmschuh.

Bei Schmidt und Kranz, die ihre Schlepper unter dem Markenzeichen »NORMAG« vertrieben hatten, baute man von 1946 bis 1948 aus Restbeständen noch einige Fahrzeuge der Typen NG 10, NG 22 und NG 25 zusammen. Dazu kam eine Kleinserie des Typs NG 23, der während des Krieges entwickelt, aber nicht mehr in Serie gebaut wurde.

Basis der ersten NORMAG-Typen war der NG 22. Der auf Grund seiner günstigen Gewichtsverteilung vielseitig einsetzbare Schlepper war mit

Auch nach 1945 wurden noch einige Radschlepper NG 25 mit Holzvergaser montiert, ein wichtiges Fahrzeug für die treibstoffarme Nachkriegszeit. (Foto: Ralf Weinreich)

einem 2-Zylinder-Viertakt-Dieselmotor von MWM bestückt, der 22 PS leistete. Das Fahrzeug war in Blockbauweise konzipiert, was bedeutete, dass Vorderachsblock, Motor-Getriebeeinheit und Hinterachse als selbsttragende Elemente zu einem Block zusammengeschraubt wurden. Die Vorderachse war eine frei schwingende Pendelachse. Das ganze Fahrzeug wog in Standard-Ausführung, also gummibereift und ohne Fahrerhaus, 1685 kg. Mit dem Viergang-Getriebe erreichte es eine Höchstgeschwindigkeit von 20 km/h. Der Schlepper war mit allen nötigen Vorrichtungen versehen: Zapfwelle, Riemenscheibe, Anhängerschiene und optional einer Seilwinde. Wahlweise konnten hinten Niederdruckreifen oder Eisenräder vorn und hinten geordert werden. Klappverdeck, Fahrerhaus, Sitzbank oder einzelner Schwingsitz blieben ebenfalls der Entscheidung des Käufers überlassen. Bei den nach dem Krieg zusammengebauten Fahrzeugen wurde

Während des Krieges wurde in Nordhausen der NG 23 entwickelt, von dem nach Kriegsende noch eine Kleinstserie gebaut wurde. Im Bild ein Schlepper von 1947. (Foto: Patrick Heuser, www.zugtier.info)

allerdings verwendet, was gerade zur Verfügung stand. Das galt auch für den NG 10, der eigentlich ein NG 22 war, aber vom Glöckner-Humboldt-Deutz-Motor F 2 M 414 angetrieben wurde. Auch hierbei handelte es sich um einen 2-Zylinder-Viertakt-Dieselmotor, der 22 PS leistete.

Mit Fortschreiten des Krieges war die Treibstoffsituation immer prekärer geworden und viele Fahrzeuge wurden mit Schwachgas-Motoren oder Holzgas-Anlagen aus- bzw. nachgerüstet, um überhaupt noch betrieben werden zu können. Für die NORMAG konstruierte man auf der Basis des NG 22 den NG 25, der von einem solchen Schwachgas-Motor, in Verbindung mit dem Einheitsgenerator EG 60 Block, angetrieben wurde. Holz, Torf oder Braunkohle dienten zur Gaserzeugung bei dem immerhin 25 PS starken Schlepper. Zu den täglichen Arbeiten des Fahrers gehörten jetzt unter anderem die Entleerung des Aschekastens und das Freirütteln des Brennrostes. Der NG 25 war natürlich auch das ideale Fahrzeug für die treibstoffarme Nachkriegszeit.

Ein völlig neues Schlepper-Konzept hatte man bei Schmidt, Kranz & CO mit dem NG 23 umzusetzen versucht. Während des Krieges konnte die Konstruktion jedoch nicht mehr in die Serienfertigung überführt werden. Danach baute man die Schlepper, die nun einen Stahlrahmen und damit eine höhere Bodenfreiheit aufwiesen, in einer Art Kleinstserie zusammen. Sogar 1950 sollen noch einzelne Fahrzeuge mit dem nun 24 PS starken Diesel-Motor gebaut worden sein. Durch die Motor-Getriebe-Anordnung und die Fahrersitzverlagerung mehr zur Mitte hin, befand sich der Schaltknüppel markanterweise nun hinter dem Fahrer.

Insgesamt entstanden aus den Baumustern der Vorkriegs- und Kriegszeit noch einmal 247 Schlepper, anfangs mit dem NORMAG-, später mit dem IFA-Schriftzug auf der Kühlerhaube.

Die Firma Schmidt & Kranz, die sich im Westen neu zu etablieren versuchte, stellte dort noch kurzzeitig neue Traktoren unter dem Markennamen NORMAG her.

Ein wenig anders verkleidet und mit der IFA-Raute versehen, entstand dieser NG 23 im Jahre 1950. (Foto: Elisabeth Siemer)

Ein Stück entfernt vom NORMAG-Gelände, bei MBA, vormals O&K bzw. Montania kamen solche Stückzahlen aus Restbeständen nicht mehr zustande. Am 3. Februar 1942 hatte hier die Schlepper-Fertigung schon nach knapp 2000 Exemplaren geendet. Die kurz nach dem Krieg gegründete Montania-GmbH dachte nur theoretisch an eine zukünftige Schlepperfertigung. Insgesamt wurden in den Nachkriegswirren, bis zum Einsetzen der volkseigenen Schlepperproduktion, höchstens ein Dutzend Fahrzeuge der Typen SA 751 und SB 751 aus Restbeständen zusammengebaut.

Der SA 751 war in rahmenloser Bauweise mit einem gekoppelten 2-Zylinder-Viertakt-Dieselmotor, der 30 PS leistete, ausgeführt. Der 2,2 t schwere Traktor hatte eine große Bodenfreiheit und besaß alle für die Landwirtschaft notwendigen Vorrichtungen und Nebenaggregate. Durch die Halbierung des O&K-eigenen Motors entstand 1940 der kleine Bauernschlepper SB 751. Sein Einzylinder-Diesel, der billigstes Rohöl vertrug, leistete zunächst 15, später 17 PS. Der kleine Traktor wog nur 1250 kg, war 2,24 m lang und 1,42 m breit. Zu einer großen Verbreitung kam es mit nur 405 bis 1942 gebauten Exemplaren nicht mehr.

Ein paar MBA-Schlepper – hier noch mit dem O&K-Firmensignet auf dem Kühler – entstanden aus Restteilen in der frühen Nachkriegszeit.

(Foto: Ralf Weinreich)

Pionier« und »Typ Hartz«

In Zwickau zeichnete sich im Werk Horch das Ende der Fertigung des LKW H3 ab, dessen Nachfolger, längst emsig an den Reißbrettern in Arbeit, war noch nicht serientauglich, als Horch der Auftrag von der IFA-Vereinigung zur Montage eines Ackerschleppers ereilte. Bestätigt wurde diese Anordnung noch 1948 durch Befehl Nr. 133 der SMAD, denn das oberste Gebot der SMAD lautete wie folgt: »Der PKW-Produktion sollte die Herstellung von Ackerschleppern klar vorangestellt werden«. Also hatte das Werk Horch diesen Auftrag auch anzunehmen und auszuführen. Da konnte die Empörung unter den »Horchern«, die sich in der Tradition der Produzenten hochwertiger PKW sahen, noch so groß sein; bis auf ein

Ein Radschlepper der Breslauer Firma FAMO bildete die Ausgangsbasis für den späteren RS 01/40 »Pionier«, hier in einer der ersten Ausführungen, komplett eisenbereift.

paar Karosserien für den im Audi-Werk in Fertigung genommenen PKW F 9 würde man vorerst keine Personenwagen mehr bauen.

Der »Pionier« aus Zwickau

Die Grundlage für den ersten und einzigen Horch-Traktor mit der sinnreichen Bezeichnung »Pionier« bildete eine Konstruktion der ehemaligen Breslauer Firma FAMO Fahrzeug- und Motorenwerke GmbH. Diese Entwicklung aus dem Jahre 1938 war nun in Zwickau wieder in eine Serienproduktion umzusetzen. Dazu sollten einzelne Komponenten aus Schönebeck zugeliefert werden. Konkret handelte es sich um Kühler, Andrehvorrichtungen, Federn und Vorderachsen. Erheblicher Material- und Maschinenmangel verzögerte den Fertigungsbeginn und ließ anfangs nur sehr geringe Stückzahlen zu. Die

Auch der Pionier hieß zunächst einmal nur IFA-Schlepper 40 PS. Eisenbereift erhielt er später den Typenzusatz XLE und war damit in den ersten Monaten seiner Produktion auf Grund der Knappheit von Gummireifen das meistgebaute Modell.

In ihrem ersten Katalog zur Leipziger Messe 1949 stellte die IFA auch ihre Traktoren in stark stilisierten Bildern vor. Der Pionier jetzt gummibereift.

ab dem 21. Mai 1949 vom eiligst improvisierten Montageband laufenden Traktoren (vom 18. Mai bis zum 18. Juni waren auch fünf Fahrzeuge in der Versuchsabteilung zusammengebaut worden) hatten noch überwiegend Eisenräder, da Gummireifen in dieser Größenordnung nicht ausreichend zur Verfügung standen. Zunächst lautete die Bezeichnung einfach »IFA-Schlepper 40 PS«. Mit der Einführung einer Nomenklatur im Schlepperbau der IFA erhielt der Traktor die interne Typenbezeichnung RS 01/40. Dabei stand RS für Radschlepper, die 01 für den ersten IFA-Schlepper und die 40 für die Leistung in PS. Fast gleichzeitig wurde dem Fahrzeug der offizielle Name »Pionier« verliehen.

Nach anfänglich 15 »Pionieren« pro Tag konnte die Fertigung später bis auf 35 Schlepper erhöht werden. 350 Stück waren es zunächst zum Jahresabschluss 1949.

Der für lange Zeit schwerste in der DDR gebaute Traktor, der nur fast identisch mit dem FAMO-Schlepper war, holte seine Leistung bei nur 1250 U/min aus dem FAMO-4-Zylinder-Viertakt-Dieselmotor 4 F 145 mit 5 l Hubraum. Die Typenbezeichnung des Motors blieb bei Horch erhalten. Seine Leistung allerdings nicht. Hatte FAMO 42-45 PS angegeben, reichte es beim Pionier nur zu 40 PS. Fachleute führten den Verlust auf die Verwendung der IFA-Einspritzpumpe EP 453 zurück. Der Motor arbeitete nach dem Vorkammerverfahren (Brennraum ist in Hauptbrennraum und mer unterteilt – dadurch Teilverbrennung und Hauptverbrennung) und musste mit Benzin in einer aufwendigen Prozedur angelassen werden, ehe auf Dieselbetrieb umgeschaltet werden konnte. Der Motor sprang schlecht an, da die Vorkammer durch die einströmende Luft zu sehr abkühlte oder die Hilfsvergaser nicht sonderlich langlebig waren. Deshalb wurden die Traktoren häufig angeschleppt, was wiederum nicht selten zu Motordefekten führte. Lief ein Pionier erst einmal, stellte man ihn in der Regel den ganzen, langen Arbeitstag nicht mehr ab. Allerdings waren nicht in erster Linie deshalb viele Pioniere mit einem vergrößerten Tank ausgerüstet – vielmehr ging es darum, im Schichtbetrieb ohne Tankstopp auskommen zu können. Der markante Auspuffzyklon sicherte übrigens funkenfreie Abgase, was im Schlepperbau dieser Zeit noch nicht alltäglich war.

Das Getriebe mit fünf Vorwärts- und einem Rückwärtsgang war gegenüber dem Vorkriegsmodell anders abgestuft, um höhere Geschwindigkeiten bei Straßenfahrten (max. 17,5 km/h) zu erreichen. Verändert wurde auch die Vorderachskonstruktion, was zu einer Erhöhung der Bodenfreiheit von 230 mm (FAMO) auf 300 mm führte.

Ein früher RS 01/40 aus den Horch-Werken, Zwickau. Die »Gemischtbauweise« mit Gummi- und Eisenrädern war beabsichtigt; es bestand sogar die Möglichkeit, die Antriebsräder wahlweise von Gummi auf Eisen umzustecken.

Die Benzin-Anlassvorrichtung des Pioniers. Wegen der aufwändigen Startprozedur ließ man die Traktoren meistens den ganzen Tag lang laufen.

Ansonsten hatte der wahlweise mit Eisenrädern als Typ XLE (vorn mit Schneidkränzen, hinten mit Spatengreifern besetzt) oder mit Gummibereifung als Typ XL gelieferte RS 01/40 alles, was ein Schlepper in dieser Zeit brauchte: Eine Zapfwelle (540 U/min), auf die ein Riemenscheibenantrieb gesetzt werden konnte, eine gefederte Zugvorrichtung und eine an einer Zugschiene seitlich verstellbare untere Zugöse (Schäkel). Statt der Hinterräder konnten später auch die in Brandenburg bzw. Halle-Büschdorf hergestellten Anbau-Halbraupen montiert werden. Mit zusätzlichen Lenkbremsen erreichte diese Version deutlich mehr Zugkraft (2500 kg) als das Basisfahrzeug. Aber die klobigen Raupen und ein Gesamtgewicht von jetzt 3893 kg ließen das Fahrzeug äußerst schwerfällig und unhandlich werden.

Die Traktoristen der »Pionier-Zeit« schwärmen heute noch von der Zugkraft dieses Schleppers und dessen unverwüstlichem Motor, oder der rahmenlosen, verwindungssteifen Bauweise, die das Fahren an extremen Hanglagen erlaubte. Nicht wenige Pioniere haben eben wegen diesen Eigenschaften überlebt und feiern heuer auf dem einen oder anderen kleinen Bauernhof ihr 70jähriges Dienstjubiläum.

Ein im Horch-Werk produzierter RS 01/40 diente zu Beginn der Trabant-Fertigung für den innerbetrieblichen Karosserietransport.

Einer der in Zwickau gefertigten 01/40 Pionier steht heute im dortigen August Horch Museum.

Die Fertigung kommt nach Nordhausen

Bei Horch war der Traktorenbau nach 1 ½ Jahren und 2605 gebauten Fahrzeugen schon wieder zu Ende. Ab Oktober 1950 begann die Produktionsverlagerung in das Schlepperwerk Nordhausen, wo der RS 01/40 zum Jahresende noch einmal in 100 Einheiten und dann ab 1951 in deutliche höheren Stückzahlen weiter gefertigt wurde.

Dafür musste die Fertigung der »Brockenhexe« in der Folge in Nordhausen eingestellt werden, da auch bald der RS 04/30 parallel zum Pionier auf die Montagestraße kam. Insgesamt 20 123 Traktoren vom Typ RS 01/40 verließen bis 1956 die Werkhallen an der Fr.-v.-Steinstraße in Nordhausen. Im Verlaufe dieser Zeit erfuhr der Pionier eine Reihe kleinerer, konstruktiver Veränderungen. Wesentlich war im Jahre 1952 die Umstellung des Motors auf ein Wirbelkammer-Verbrennungsverfahren nach dem Vorbild der früheren MBA-Diesel-Motoren. Jetzt konnte der Motor mittels Druckluft gestartet werden, was zur wesentlichen Verbesserung des Startverhaltens, vor

Nach der Verlegung der Pionier-Fertigung im Oktober 1950 nach Nordhausen konnten dort größere Stückzahlen produziert werden.

allem in der kalten Jahreszeit, beitrug. Weitere Änderungen führten schließlich zum Folgetyp RS 01/40 II mit der Bezeichnung »Harz«.

Der Pionier war in den frühen Jahren der DDR das wichtigste Fahrzeug in der Landwirtschaft. MAS (Maschinen-Ausleih-Station) oder später MTS (Maschinen- und Traktoren-Station) wären ohne diesen schweren Schlepper gar nicht denkbar gewesen.

Und so setzte selbst der DDR-Volksschriftsteller Erwin Strittmatter dem Pionier ein literarisches Denkmal, als er zu einer Traktorenwäsche auf einer MTS wie folgt dichtete:

Die Sonne klettert übers Dach,
wir müssen uns beeilen;
Der Karl kommt schon aus dem Büro,
uns Arbeit zu verteilen.
Heut fahr´n wir wieder vierten Gang
Und reißen ein Stück runter;
Drum eine Spritze vor den Bauch,
dann wirst du erst mal munter.
Nun zeig mal deine Hände her,
mein lieber Schollenfresser;
Du alter IFA-Pionier!
Ssit, ssit, jetzt wird´s schon besser.

Als die IFA im Frühjahr 1951 einen neuen Traktoren-Gesamtprospekt herausgab, rollte der Pionier längst schon aus der Nordhäuser Montagehalle.

Der Schlepper Pionier, interne Typenbezeichnung RS 01/40, hier als »Model« für das Reifenwerk Riesa, ist der Traktor-Klassiker der DDR schlechthin.

Der Pionier mit erkennbar größerem Tank für lange Tagesdienstzeiten auf den ausgedehnten Feldern der DDR.

Später Pionier mit Elektrostarter und der zugehörigen Batterie im Blechkasten vor dem Fahrerhaus.

Spartanisch und übersichtlich: Der Arbeitsplatz eines Pionier-Traktoristen.

Bis 1956 blieb der »Pionier« in seiner ursprünglichen Gestalt in Produktion und lange der wichtigste Schlepper für die Landwirtschaft der DDR.

Auch der robuste Pionier musste mal in die Werkstatt. Ein schöner Blick auf den Motorblock.

Der »Pionier« hatte in seinen letzten Produktionsjahren schon einige wesentliche Verbesserungen erhalten; mit der neuen Motorhaube mutierte er dann zum »Typ Harz«.

Mit der neuen Haube konnte man dem Publikum den alten Pionier als Weiterentwicklung verkaufen, was ja auch den Tatsachen entsprach. ↑↙

Der »Typ Harz«

Der gute alte Pionier war in die Jahre gekommen, das wussten alle, die in der DDR etwas mit dem Traktorenbau zu tun hatten. Dennoch war während der gesamten 1950er Jahre kein Ersatz aus DDR-Produktion in Sicht. Der RS 04/30, der parallel zum RS 01/40 und in fast gleichen Jahresstückzahlen in Nordhausen vom Band lief, war dem Pionier in nahezu allen Leistungsparametern unterlegen und auch nie als dessen Nachfolger vorgesehen.

Etwa zeitgleich mit einer Nebenentwicklung im Traktorenwerk Schönebeck (siehe Kapitel Muster ohne Wert…) arbeitete man an einigen Verbesserungen des RS 01/40 »Pionier«. Hauptschwerpunkt war zunächst die Ablösung des aufwendigen Benzin-Startvorgangs. So wurden 1952/53 die ersten Pioniere mit einer Druckluftstarteinrichtung gebaut. Voraussetzung dafür war die Umstellung des Motors vom Vorkammer-Prinzip auf ein Wirbelkammer-Verbrennungsverfahren, die auf Initiative von Hans Rogge, einem Mitarbeiter im Ministerium für Land- und Forstwirtschaft, durch eine Überarbeitung des Motors verwirklicht wurde. Der Motor war an den zwei separaten Zylinderköpfen für je zwei Zylinder erkennbar und erhielt die Bezeichnung 4 F 145 D. Dabei stand das D für den nun reinen Dieselbetrieb. Das Anlassen mittels Druckluft war auch nicht gerade der neuste Stand der Technik und nur als Zwischenlösung gedacht.

Ein Jahr später war dann der Elektrostarter, der den Dieselmotor mit Strom aus einer großen

1958 war mit dem »Pionier«, der jetzt »Typ Harz« hieß, endgültig Schluss. Wegen seiner enormen Zugkraft hinterließ er eine schmerzliche Lücke im DDR-Traktorenbau und auf den Feldern.

12-V-Batterie anwarf, fertig. Wieder änderte sich die Bezeichnung des Motors geringfügig, jetzt in 4 F 145 DE. Eine Zeit lang wurden die beiden Starter (Motor)-Varianten parallel ausgeliefert. Viele alte Pioniere sind später auf den elektrischen Anlasser umgerüstet worden.

Erst nach dem Wegfall der Benzin-Starteinrichtung gelang es, den guten alten Pionier auch für den Export interessant zu machen. Und vermutlich hatte die alte Breslauer Entwicklung ihren Fortbestand und die genannten Verbesserungen nur einem größeren Exportauftrag im Jahre 1954 zu verdanken, als rund 80% der Jahresproduktion (2106 Fahrzeuge) ins Ausland gingen.

Bestandteil der Weiterentwicklung des RS 04/30 zum RS 14/30 (Famulus) war eine modernere, runde Motor-Kühler-Abdeckung, wie sie Mitte der 1950er Jahre allgemein üblich war. Im Konstruktionsbüro passte man die Blechteile an den gedrungeneren Pionier an und stülpte ihm die neue Haube ab Modelljahr 1957 über den Vorderbau. Dazu kamen neue, eckige Dachkotflügel über den Antriebsrädern, der standardisierte hydraulische Dreipunkt-Kraftheber und eine geänderte Getriebeabstufung, die das Fahrzeug für Straßentransporte schneller machte. Mit dem nun serienmäßigen Elektrostarter erhielt der Schlepper die Typenbezeichnung RS 01/40 II und zur weiteren Unterscheidung den Beinamen »Harz«.

Mit neuem Namen und neuem Erscheinungsbild (besonders harmonisch sah der alte Breslauer mit seiner neuen Verkleidung allerdings nicht gerade aus) konnte man der Öffentlichkeit eine neue Traktorenentwicklung vorgaukeln und einmal mehr unter Beweis stellen, dass die Wirtschaftskraft der DDR schon bald die des imperialistischen Westens überholen würde.

Eine lange Lebenszeit war dem Typ »Harz« nicht mehr beschieden. Zu sehr dominierte die

Dass diese Fahrzeuge danach noch jahrzehntelang ihren Dienst auf ostdeutschen Äckern taten und zuweilen immer noch tun, war ganz selbstverständlich. Dennoch ist ein RS 01/40 II heute eine Rarität.

Der »Typ Harz« wurde wie die meisten anderen DDR-Schlepper in einige sozialistische Bruderländer exportiert. Hier freuen sich ungarische Bauern zu Beginn der 1960er Jahre über ihren Schollenfresser.

einsetzende Serienproduktion des RS 14/30 die Aktivitäten im Schlepperwerk Nordhausen. Schon ein Jahr nach seiner Einführung liefen 1958 die letzten 400 von insgesamt nur 2175 RS 01/40 II vom Band. Diese geringe Stückzahl macht den »Harz« heute zu einem seltenen Gast auf Schlepper-Oldtimer-Veranstaltungen. Zusammen mit dem Pionier hatte die alte Famo-Konstruktion in der DDR in insgesamt 24 903 Exemplaren 20 Jahre lang weitergelebt. Und eine beachtliche Zahl Pioniere lebt heute noch.

Brockenhexe« und RS 04/30

Bei der Beratung in der IFA-Hauptverwaltung am 13. Juli 1948 fiel auch die Entscheidung, den mit 22 PS künftig kleinsten Schlepper der Sowjetischen Zone in Nordhausen zu bauen. Das lag auch nahe, denn diverse Komponenten des neuen Schleppers waren alte Nordhäuser Bekannte.

Die Brockenhexe

Fritz Camen konstruierte den Schlepper in der bewährten Blockbauweise des NG 22, dazu gesellten sich eine pendelnd aufgehängte Vorderachse und die Dreipunktlagerung. Diese Bauprinzipien ließen den Einsatz in schwererem Gelände zu, da das Fahrgestell äußerst verwindungs- und spannungsfrei blieb. Herzstück dieses so genannten Standardschleppers war der bereits im NG 10 verwendete 2-Zylinder-Viertakt-Dieselmotor von Deutz mit der Bezeichnung F 211 414. Der nach dem Vorkammer-Verfahren arbeitende Dieselmotor mit 2,2 Liter Hubraum konnte später durch einen Nachbau des Traktorenwerkes Nordhausen mit der Bezeichnung 2 VD 14/10 SRW ersetzt werden. Da bei künftigen Traktorvorstellungen in diesem Buch immer wieder auch von den Motoren die Rede ist, die bis zum Ende der DDR mit der gleichen Formel typisiert wurden, soll diese zum künftigen Verständnis hier am Beispiel der »Brockenhexe« erläutert werden:

Im ersten großen IFA-Prospekt, der anlässlich der Leipziger Frühjahrsmesse 1949 erschien, spielten die Schlepper noch eine dominierende Rolle. Der 22-PS-Schlepper aus Nordhausen, der sehr an seine Vorgänger erinnerte, erhielt erst später die Typenbezeichnung RS 02 und den Namen »Brockenhexe«.

2 = Anzahl der Zylinder
V = Arbeitsverfahren (Z = Zweitakt, V = Viertakt)
D = Art der Verbrennung (O = Otto, D = Diesel)
14 = Hub in cm
10 = Bohrungsdurchmesser in cm
S = Anordnung der Zylinderachse (S = stehend, Sr = schräg, G = geneigt)
R = Anordnung der Zylinder (R = Reihe, V = V-Anordnung)
W = Art der Kühlung (W = Wasser, F = Flüssigkeit, L = Luftkühlung)

Verkleidet wurde der Motor mit der runden Schürze des letzten MBA-Schleppers, deren Presswerkzeug noch vorhanden war.

Aus dem Motor mit seinen 22 PS bei 1500 U/min ergab sich dann auch die Bezeichnung RS 02/22 für den quasi zweiten DDR-Traktor (der erste war der »Pionier« - siehe vorangegangenes Kapitel). Der anfangs nur »IFA Dieselschlepper 22 PS« genannte Schlepper erhielt dann noch die Bezeichnung »Brockenhexe«, mit der er in die Geschichte des Schlepperbaus und der DDR-Motorisierung einging. Selbstverständlich konnte auch der RS 02 (RS stand für Radschlepper) mit Riemenscheibe und Zapfwelle aufwarten, sofern diese denn als Sonderausstattung geordert worden waren.

Zum Antrieb gehörte noch ein Viergang-Getriebe vom Typ F 12 der Zahnradfabrik Friedrichshafen, das einen Geschwindigkeitsbereich von 3,8 bis 17,8 km/h erlaubte und den Schlepper aus-

Die ab Juni 1949 gebauten »Brockenhexen wurden grundsätzlich ohne Dach ausgeliefert.

drücklich für Straßen- und Ackerbetrieb tauglich machte. Mit seinen nur 1680 kg (ohne Zusatzaggregate) war er fast ein Leichtgewicht und äußerst wendig. Allerdings war er eben auch nur ein Schlepper für kleinere Betriebe und deshalb für die landwirtschaftliche Zukunft der DDR wenig geeignet.

Am 22. Juni 1949 waren die ersten beiden fertigen 22-PS-Schlepper ausgeliefert worden; so etwas wie eine Serienproduktion begann dann wenige Tage später im Juli, wobei die Motorverkleidung gegenüber den ersten Prototypen ver-

Auf der Leipziger Frühjahrsmesse 1951 wurde der RS 02/22 mit Fahrerkabine vorgestellt, die bei früheren »Brockenhexen« nachgerüstet werden konnte.

Im IFA-Traktoren-Prospekt von 1951 sah die »Brockenhexe« dann so aus. Es war das letzte volle Produktionsjahr für den kleinen Schlepper.

22 PS

Für die Kollektivierung der Landwirtschaft in der DDR und die dadurch zu beackernden großen Felder war die kleine »Brockenhexe« eher ungeeignet.

Die Fertigung der Brockenhexe lief 1952 aus. Danach zog der Schlepper, wie auch all die anderen frühen DDR-Traktoren, noch jahrzehntelang die Pflüge von LPG- und Feierabendbauern hinter sich her.

Der RS 02/22 »Brockenhexe« ist bei jeder historischen Veranstaltung oder im Museum ein gern gesehener Gast.

ändert worden war. 150 Stück wurden noch bis zum Jahresende gefertigt, ehe dann 1950 mit fast 1700 Exemplaren das große Jahr der Brockenhexe kam. Das war es dann aber auch schon fast wieder, mit 32 Stück im Jahr 1951 und 66 Stück für 1952 wurden faktisch nur noch Teilerestbestände zusammengeschraubt. Im Schlepperwerk Nordhausen musste Platz für den Pionier und den RS 04/30 geschaffen werden.

RS 04/30

Kaum rollten die Brockenhexe, der Pionier und in Brandenburg der »Aktivist« aus den Werkhallen, tüftelten die Schönebecker Ingenieure auch schon die erste wirklich neue Traktorentwicklung der DDR aus. Denn in das Traktorenwerk nach Schönebeck hatten die Staatslenker inzwischen die zentrale Entwicklung für Agrarfahrzeuge verlegt. Der folgerichtig RS 04/30 genannte Schlepper entsprach schon rein äußerlich den Vorstellungen von einem moderneren Traktor, war aber mit 30 PS schwächer als der Pionier.

Die Schönebecker wurden und wurden mit der Konstruktion nicht fertig und konnten so der Öffentlichkeit den ersten seriennahen Prototypen erst im September 1951 präsentieren. Zuvor hatte es schon im Dezember 1950 ein erstes Versuchsfahrzeug gegeben, mit dem die IFA, die den Entwicklungsauftrag im Herbst 1949 erteilt hatte, aber nicht so recht zufrieden war.

Um schneller voranzukommen, erbot sich das BTW (Brandenburger Traktoren Werk), weitere Versuchsmuster und die Nullserie in Eigenregie zu bauen. Während man dann tatsächlich an den ersten zehn Fahrzeugen bastelte, die letztendlich auch fertiggestellt wurden, kam am 7. Dezember 1951 von der HV Fahrzeugbau per Telefon der Bescheid, dass alle weiteren Arbeiten am neuen 30-PS-Schlepper sofort abzubrechen sind.

Im Herbst 1951 entstanden vom RS 04 einige Versuchsfahrzeuge und Vorserienmodelle in Schönebeck und Brandenburg. Im Bild der erste Prototyp vom September 1951.

Die »Brockenhexe« wurde 1953 vom RS 04, einer Entwicklung aus Schönebeck, abgelöst. Einen sogenannten »Werbenamen«, wie ihn die anderen DDR-Schlepper innehatten, erhielt dieser Traktor nicht.

So kamen die Vorserienmodelle und sämtliche Konstruktionsunterlagen nach Nordhausen, wo der neue Traktor endgültig – neben dem Pionier – gebaut werden sollte. Die Standortverlagerungen kosteten so viel Zeit, dass die Fertigung in Nordhausen erst im Verlaufe des Jahres 1953 begonnen werden konnte und bis Jahresende nur 260 Exemplare von den Bändern rollten.

Auch dieser Schlepper war in Blockbauweise ausgeführt, das heißt, Motor, Kupplung und Getriebegehäuse bildeten eine Einheit, die die Vorderachse mit der Hinterachse verband.

Das Antriebsaggregat entstammte einer Dieselmotorenbaureihe, die auf eine Konstruktion des einst bedeutenden LKW-Herstellers VOMAG in Plauen zurückging. Horch in Zwickau hatte die Konstruktion 1949/50 serientauglich gemacht und als Antriebsaggregat für die LKW H3A (später S 4000) und H 6 mit vier bzw. sechs Zylindern eingesetzt.

Für den RS 04/30 wurde der Vierzylinder noch einmal halbiert und erhielt als 2-Zylinder-Viertakt-Dieselmotor, der nach dem Wirbelkammer-Verfahren arbeitete, die Bezeichnung EM 2-15.

Mit 30 PS leistete der RS 04 zwar nicht mehr als der Brandenburger RS 03 »Aktivist«, hatte aber die besseren Proportionen und war universeller einsetzbar.

Aus 3012 ccm holte er besagte 30 PS bei 1500 U/min. Der wassergekühlte Motor, der auch die IFA-Einspritzpumpe und Einspritz-Zapfendüsen erhielt, konnte mittels Dekompressionseinrichtung (Entlüftung des Zylinderraumes) und Elektrostarter angelassen werden. Das Fünfgang-Getriebe ließ Geschwindigkeiten von 3,6 bis 18 km/h zu. Ein zusätzlicher Kriechgang erlaubte Pflegearbeiten unter 1 km/h.

Die offene Getriebezapfwelle vorn (verursachte viele, zum Teil schwerwiegende Arbeitsunfälle), die Motorzapfwelle hinten, eine Lenkbremse mit Einzelrad-Trennung, ein Beifahrersitz und verschiedene Fahrerhaus-Aufbauten waren technischer Standard in dieser Zeit. Dies galt auch für die hydraulische Krafthebeanlage mit einem Gerätehub von 340 mm, zu der Konstrukteur Hendrichs in der Agrartechnik, Heft 2/1952, unter anderem schrieb: »Während für die schweren Schlepper mehrscharige Anhängerahmenpflüge verwendet werden, kann man bei Zweischarpflügen das Fahrgestell einsparen, wenn man den Pflug auf den Schlepper aufsattelt. Um dem Bedienungsmann die Betätigung zu erleichtern, wird ein automatischer Kraftheber eingebaut, der durch Verstellen eines kleinen Handrades mittels Hydraulik das Anbaugerät wunschgemäß anhebt oder in Arbeitsstellung bringt. Durch die-

Die Motorbasis war ein halbierter Vierzylinder-Dieselmotor des Zwickauer LKW H3 A, der aus gut drei Liter Hubraum 30 PS bei schlepperfreundlichen 1500 U/min generierte.

Der Kommandostand des RS 04/30-Kapitäns war Mitte der 1950er Jahre noch sehr überschaubar.

ses Aggregat können die verschiedensten Anbaugeräte ohne Kraftanstrengung bedient werden, so dass auch unsere Traktoristinnen hierdurch in die Lage versetzt werden, mit ihren Kollegen in Wettbewerb treten zu können.«

Nachzutragen bleibt hier noch, dass die Hydraulikpumpe und ihre Steuerung in einem Block seitlich am Getriebegehäuse angeflanscht waren. Für normale Anhänger war eine getrennte Anhängevorrichtung vorhanden.

Das Gewicht des Schleppers von 2,5 t (2,6 t bei Vollausstattung) und der Radstand von 2000 mm ergaben bei der erwähnten Bauweise eine Gewichtsverteilung von etwa 36 % auf der Vorder- und 64 % auf der Hinterachse. Die Spurweite konnte theoretisch verändert werden, was aber in der Praxis wegen der umständlichen Prozedur (Umstecken der Felgen) kaum genutzt wurde.

Als Zusatzausstattung konnte eine Reifenfüllpumpe mitgeliefert werden, die vorn links am Motor angebracht war.

Im Verlaufe seiner Bauzeit bis 1956 erfuhr der RS 04/30 einige Detailänderungen, zum Beispiel an der Auspuffanlage. Die meisten Fahrzeuge waren ohne die gefährliche vordere Getriebezapfwelle unterwegs.

Vor allem die großen Hinterräder ergaben eine günstige Bodenfreiheit von 470 mm. Auch das eine Eigenschaft, die den Alleskönner charakterisierte.

1954 war mit 3304 gebauten Exemplaren das stärkste Jahr des RS 04/30, der ohne weitere Zusatzbezeichnung blieb. 1956 lief die Fertigung mit noch einmal 1976 Fahrzeugen aus und wurde durch die Weiterentwicklung RS 14/30 ersetzt.

Nach 70 Jahren treuem Ackerdienst hätte sich dieser Radschlepper eine Frischzellenkur verdient…→

…und danach könnte er als eher seltener Gast auf den unzähligen Treckertreffen für Aufsehen sorgen.

Die »Famulus«-Baureihe

Natürlich durfte der RS 04/30 nicht ausgespart bleiben, als zur Mitte der 1950er Jahre hin die Erneuerung der Rad- und Kettenschlepper aus DDR-Produktion sukzessive durchgeführt wurde. Während seiner Konstruktionsphase durchaus auf der Höhe der Zeit, hatte die späte Serieneinführung und die rasante Entwicklung im Schlepperbau der 1950er Jahre den RS 04 schnell ins Hintertreffen gebracht. So waren seine Konstrukteure auch schon seit 1954 mit der Weiterentwicklung beauftragt.

RS 14/30 »Favorit«

Ab Mitte 1956 erschienen die ersten Vorserienmodelle; im Herbst war dann die Serienproduktion voll im Gange und ließ bis zum 31.12. noch 474 Fahrzeuge zu. Dabei war der Übergang von der Montage des RS 04/30 zum RS 14/30, wie die Typenbezeichnung des neuen Schleppers war, fließend, wie übrigens auch die Umsetzung der konstruktiven Änderungen für den neuen RS 14/30. Das fing mit einem neuen Stirnradgetriebe an, das zwei Schaltgruppen mit je fünf Vorwärts- und einem Rückwärtsgang beherbergte. Vom

Wegen eines drohenden Rechtsstreits mit den tschechischen Skoda-Werken verwarfen die Nordhäuser die Bezeichnung »Favorit« wieder und verzichteten vorerst auf einen anderen Namen. ↑

Die Nordhäuser Schlepperbauer schickten ihr neustes Modell RS 14/30 ab Herbst 1956 unter der Zusatzbezeichnung »Favorit« auf die Felder der DDR. Anfangs leistete der vom RS 04/30 nahezu unverändert übernommene Zweizylinder-Dieselmotor wie gehabt 30 PS bei 1500 U/min. →

Favorit
VEB
SCHLEPPERWERK NORDHAUSEN

Die Bedienelemente des RS 14/30: 1 Signalknopf 2 Blinkerschalter 3 Glühüberwacher 4 Glühanlassschalter 5 Fernthermometer 6 Öldruckmesser 7 Ladekontrolllampe 8 Schaltkasten 9 Steckdose für Handlampe 10 Fernlichtanzeiger 11 Dekompressionshebel 12 Drehzahlverstellung (Hand) 13 Drehzahlverstellung (Fuß) 14 Kupplungspedal 15 Fußbremspedal 16 Gangschalthebel 17 Gruppenschalthebel 18 Lamellenkupplungshebel 19 Fußhebel für Ausgleichsgetriebesperre 20 Schalthebel für hintere Zapfwelle 21 Schalthebel für vordere Zapfwelle 22 Schalthebel für Riemenantrieb 23 Handbremshebel

Getriebe aus wurde eine Zapfwelle abgegriffen, die synchron zur Fahrgeschwindigkeit lief und bei erwünschter Sonderanfertigung die Vorderachse mit antreiben konnte. Erstmals war also bei einem DDR-Schlepper die Möglichkeit des Allradantriebes gegeben. Durch eine Erweiterung war auch der etwaige Antrieb der Vorderachse eines Anhängers möglich. Die motorgebundene Zapfwelle vom RS 04 blieb erhalten. Wie der Motor selbst auch, der anfangs die 30 PS des Vorgängers leistete, schon bald nach Serieneinführung durch kleine Detailänderungen aber 33 PS Dauerleistung abgeben konnte.

Anstelle der bisherigen 4-Punkte-Hydraulik gab es den Kraftheber jetzt mit der international standardisierten Dreipunktaufhängung. Dies nicht zuletzt, um den neuen Schlepper für Exportmärkte interessant zu machen. Dabei sollten auch die gefederte Vorderachse, eine Lenkbremse (bei voll eingeschlagener Lenkung wurde das kurveninnere Rad zur Erreichung des kleinsten Wendekreises voll abgebremst; beim RS 04 hatte es hierfür noch eine Einzelradbremsung mit geteiltem Bremspedal gegeben), die Antischlupfregelung sowie ein Seitenmähwerk helfen. Ganz wichtig war natürlich auch die Verpackung. Dafür gab es eine moderne, runde Motorhaube, formschönere Kotflügel und eine neue Fahrerkabine. Alles in allem konnte man bei einem Vergleich des RS 04/30 mit dem RS 14/30 schon nicht mehr nur von einer Weiterentwicklung sprechen, wenngleich das Bauprinzip und im Wesentlichen auch der Motor unverändert geblieben waren.

Der Nachfolger des RS 04 sollte auch wieder einen richtigen Namen bekommen. So verließen die ersten rund 1000 RS 14/30 die Nordhäuser Werkhallen mit der Zusatzbezeichnung »Favorit«. Dies gefiel aber insbesondere den Tschechen nicht, die schon Anfang der 1940er Jahre einen Skoda unter diesem Namen herausgebracht hatten und ihn als für sich geschützt betrachteten. Nach Androhung eines Rechtsstreits zog das Schlepperwerk Nordhausen die Bezeichnung schließlich wieder zurück und der RS 14 musste wieder eine Zeit lang ohne weiteren Namen auskommen.

Aus »Favorit« wird »Famulus«

Dafür schafften es die Harzer Ingenieure zum Ende des Jahres 1957, dem RS 14/30 mit wassergekühltem Dieselmotor eine Variante mit Luftkühlung zur Seite zu stellen. Auch dabei handelte es sich im Grundaufbau um den Horch-Motor EM 20 (halbierter Vierzylinder), der jedoch von Robur (vormals Phänomen), Zittau, dem traditionellen Luftkühlungs-Spezialisten, umgebaut und mit freistehenden, verrippten Zylindern versehen wurde. Ein Axialgebläse saugte die Kühlluft an und führte sie über Leitbleche an die Kühlrippen. Der Motor mit der Bezeichnung 2 VD 14,5/12 SRL wies mit 3280 ccm gegenüber 3012 ccm beim wassergekühlten Modell einen etwas größeren Hubraum auf, der durch eine größere Zylinderbohrung (120 mm statt 115 mm) entstanden war. Die Leistung betrug somit auch exakt 33 PS bei 1500 U/min.

Der luftgekühlte Schlepper war nicht nur 200 kg leichter; der einfachere Aufbau machte ihn auch preiswerter und wartungsfreundlicher. Zwei Gründe, die dem »RS 14/30 luftgekühlt« auf dem Binnenmarkt deutlich höhere Absatzzahlen bescherten. Exportiert wurde dagegen fast ausschließlich der wassergekühlte Typ.

Der luftgekühlte Famulus-Motor: 1 Keilriemenscheibe 2 Keilriemen für Gebläse 3 Keilriemen für Lichtmaschine 4 Keilriemenscheibe für Lichtmaschine 5 Spannrolle 6 Gebläsebock 7 Keilriemenscheibe für Axiallüfter 8 Axiallüfter 9 Zylinderkopfhaube 10 Kipphebelgehäuse 11 Öldruckleitung 12 Zylinderkopf 13 Ölrücklaufleitung 14 Zylinderbuchse 15 Stoßstangenschutzrohr 16 Reifenfüllpumpe

Anfang 1958 erhielt der Schlepper dann doch noch einen Namen, den er auch behalten durfte.

DIESEL-MEHRZWECKRADSCHLEPPER RS 14/30 „FAMULUS"

Jahrelange Erfahrungen im Schlepperbau waren die Grundlage für die Konstruktion dieses 33-PS-Diesel-Schleppers für die Landwirtschaft, der mit vielen Vervollkommnungen ausgestattet ist.

Hohe Leistung, sparsamer Kraftstoffverbrauch, leichte, bequeme Bedienung und Wartung und eine vielseitige Verwendungsmöglichkeit

sind die hauptsächlichsten Vorzüge dieses Mehrzweckradschleppers, der beim Einsatz mit seinen vielen Anbau- und Anhängegeräten eine wesentliche Arbeitskraft- und Zeiteinsparung bringt.

Der Motor des RS 14/30 „Famulus"

ist ein robuster Viertakt-Diesel-Motor mit einer Dauerleistung von 33 PS. Er arbeitet nach dem Wirbelkammer-Verfahren und gewährleistet höchste Ausnutzung der Kraftstoffenergien.

Die Verbindung zwischen Motor und Zweigruppen-Schaltgetriebe

wird von einer Einscheibentrockenkupplung hergestellt. 10 Vorwärts- und 2 Rückwärtsgänge erlauben eine Geschwindigkeitsregelung von 1,2 bis 24 km/h.

Die Differentialsperre

wird mit dem Fuß betätigt und verhindert ein Rutschen der Räder auf schlüpfrigem Boden.

Ein Vorderradantrieb

der durch die vordere Zapfwelle erfolgt und aus dem RS 14/30 „Famulus" ein vierrad-getriebenes Fahrzeug macht, kann auf Wunsch vorgesehen werden. Hierdurch wird bei ungünstigen Bodenverhältnissen größere Zugleistung und Schlupffestigkeit erreicht.

RS 14/30 »Famulus« in Standardausführung ohne Fahrerkabine. Sehr schön ist hier die immer noch angewandte Blockbauweise erkennbar.

Auf der Leipziger Frühjahrsmesse und auf der Agra in Markkleeberg stellte Nordhausen die neue Baureihe erstmals mit der Bezeichnung »Famulus« vor. Das Wort kommt aus dem Lateinischen und heißt so viel wie treuer Diener, der der

Noch Ende 1957 wurde dieser Prospekt herausgegeben. Der Motor leistete inzwischen 33 PS und der Trecker hatte den Namen »Famulus« erhalten. ←

Famulus seinen LPG-Bauern auch über Jahrzehnte hinweg war und manchem Feierabend-Agronomen noch heute ist.

Bis 1961 wurden beide 33-PS-Varianten in fast 13000 Exemplaren gebaut, ehe sie von der gleichen Baureihe mit stärkeren Motoren abgelöst wurden.

Der RS 14/30 »Famulus« war ein guter, zuverlässiger »Diener« oder »Gehilfe« der Genossenschaftsbauern. Motor- und Wegezapfwelle vorn und hinten waren ebenso selbstverständlich wie eine hydraulische Hebevorrichtung mit Dreipunktaufhängung.

Die Anbauhalbraupe, die es schon für den Pionier gegeben hatte, war ausdrücklich auch für den RS 14/30 geprüft und freigegeben worden. In der Praxis bewährte sich diese Technik kaum.

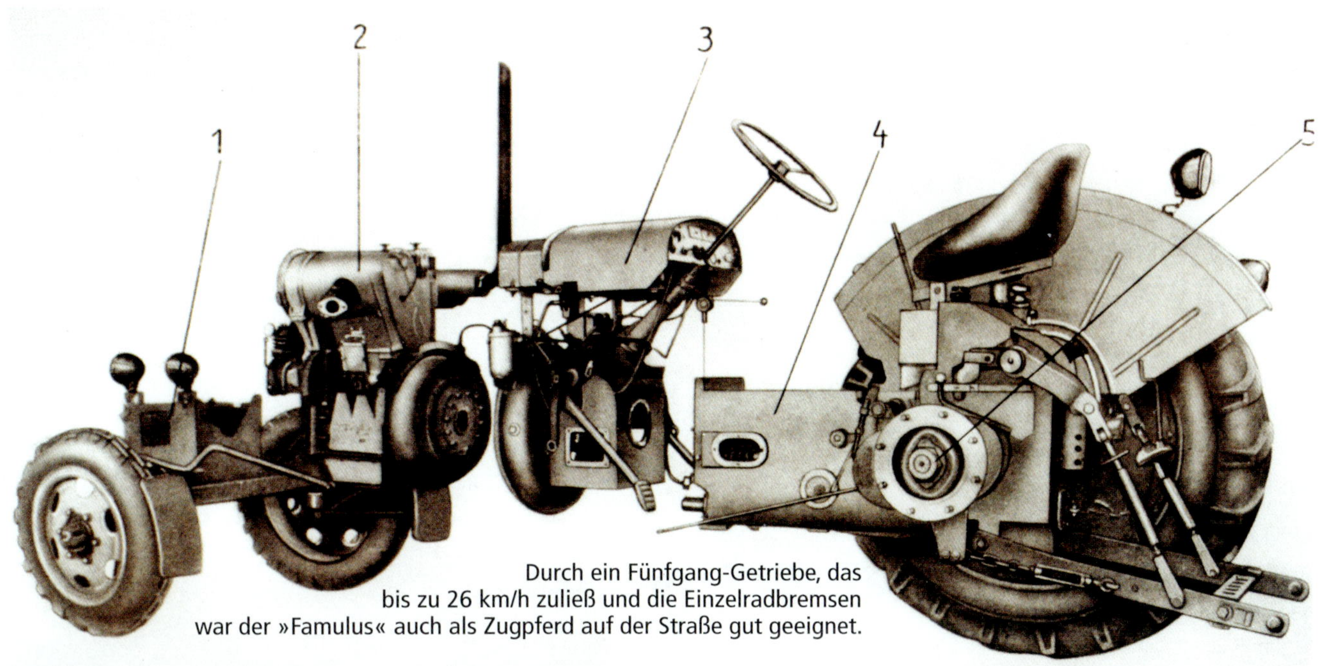

Durch ein Fünfgang-Getriebe, das bis zu 26 km/h zuließ und die Einzelradbremsen war der »Famulus« auch als Zugpferd auf der Straße gut geeignet.

Beim RS 04/30 wurde das Seitenmähwerk oftmals nachgerüstet, sein Nachfolger hatte es standardmäßig an Bord. ←

In der DDR eher selten zu sehen, blieb dieser blaue Farbton vor allem Exportfahrzeugen vorbehalten.

Famulus 36

Leistungsstärkere Traktoren waren zu Beginn der 1960er Jahre nicht nur in der DDR sehr gefragt. Das hatte mit den immer größer werdenden Flächen zu tun, die es zu bearbeiten galt, aber auch mit dem verstärkten Einsatz von zapfwellenbetriebenen Aggregaten, die eben auch größer, leistungsfähiger und technisch anspruchsvoller wurden. Schließlich hatten Traktoren in der DDR, mehr als anderswo, vielfältige Transportaufgaben – und dies nicht nur in der Landwirtschaft – zu erfüllen und mit schweren Lasten im Straßenverkehr mitzuschwimmen.

1960 bohrte man versuchsweise die Zylinder eines wassergekühlten Famulus auf 120 mm auf und erreichte so den gleichen Hubraum von 3280 ccm wie bei den luftgekühlten Modellen. Dazu steigerten die Techniker die Drehzahl auf 1600 U/min und registrierten schließlich eine Dauerleistung von 36 PS. In einigen Versuchsmustern ließ man auch den luftgekühlten Motor bei unverändertem Hubraum auf 1600 U/min drehen, beließ

Durch Vergrößerung des Hubraums von 3012 auf 3280 ccm und Erhöhung der Nenndrehzahl von 1500 auf 1600 U/min konnte die Leistung der wassergekühlten Motoren auf 36 PS gesteigert werden. Das luftgekühlte Modell beließ man bei 33 PS, beide Traktoren erhielten ab 1960 aber die Typenbezeichnung Famulus 36.

(Foto: Ralf Weinreich)

Der luftgekühlte 36er war der mit Abstand meistgebaute Typ der Famulus-Serie.

Sicher hatte der Famulus alles an Ausrüstung, was ein Traktor zu Beginn der Sechzigerjahre so brauchte. Dennoch war er für die industrielle Feldbearbeitung unterdimensioniert. ↗

aber die ausdrücklich als Dauerleistung angegebene PS-Zahl bei 33. Ziel war hier, wie natürlich auch bei den wassergekühlten Motoren, die Erhöhung der Leistung an den Zapfwellen.

Die Triebwerke wurden in die Serienproduktion übernommen und erhielten zu ihrer Typenbezeichnung noch ein /36 angehängt. Entsprechend änderten sich auch die Bezeichnungen der Traktoren, die mit diesen Motoren bestückt wurden, in RS 14/36. Das galt auch für die luftgekühlte Version, wenngleich diese vorerst bei den erwähnten 33 PS blieb. Auf der Motorhaube unterschied der Schriftzug »Famulus 36« den

Eine große Anzahl von Anbau- und Anhängegeräten sind von einer ganzen Reihe von Herstellerbetrieben auch speziell für den Famulus angeboten worden. (Siehe auch vorgehende Seite unten)

verbesserten Schlepper vom Vorgänger. Die einzige technische Änderung der »neuen« Traktoren – neben dem Motor – betraf die Spurweite der Vorderräder, die jetzt von 1500 mm auf 1650 mm gewachsen war. Allradantrieb konnte weiterhin optional geordert werden.

1961 liefen die luftgekühlten Varianten RS 14/30 und RS 14/36 eine ganze Zeit lang parallel vom Band, ehe die Fertigung der ersteren noch im selben Jahr endete.

Famulus 46

Die wassergekühlte 36-PS-Variante wurde erst von 1962 an in erwähnenswerten Stückzahlen gebaut, denn für diesen Motor hatte man schon seit längerem hochtrabende Pläne gehabt. Wenn sich die Leistung nur durch die Erhöhung der Drehzahl steigern ließ, warum sollte da bei 36 PS Schluss sein? Also quälte man den Motor auf 2000 Umdrehungen hoch und erzielte so auf dem Prüfstand immerhin erstaunliche 46 PS. Trotzdem erreichte der nun mit dem Motor 2 KVD 14,5 SRW /46 bestückte und entsprechend »Famulus 46« getaufte Schlepper längst nicht die Zugkraft des Pionier. Zudem war die hohe Drehzahl des

Durch eine weitere Drehzahlerhöhung steigerten die Nordhäuser Traktorenbauer die Leistung des wassergekühlten Aggregates auf 46 PS.→

Famulus 46

Der Famulus 46 mit seinen letztendlich 40 Pferdestärken war Mitte der Sechzigerjahre mehr denn je nicht in der Lage, den Anforderungen der Großflächen-Landwirtschaft gerecht zu werden.

im Wirbelkammerverfahren arbeitenden Dieselmotors (das luftgekühlte Triebwerk arbeitete nach dem Vorkammer-Verfahren) nicht ganz unproblematisch. 100 Schlepper dieses Typs sind noch 1960 ausgeliefert worden, 3820 waren es bis 1963 insgesamt. Dies war nicht viel, sieht man im Vergleich dazu zum Beispiel allein die Jahresproduktion von 6006 Exemplaren des RS 14/36 luftgekühlt im Jahre 1963.

Nach wie vor äußerst beliebt im Inland, gingen die Exportzahlen der Famulus-Typen nach 1961 fast bis auf null zurück. Traktoren in Blockbauweise mit relativ geringen Leistungskennziffern waren auf dem internationalen Markt – selbst im Ostblock – nicht mehr gefragt. Exportländer waren bis dahin unter anderem China, Korea, Kuba, Holland, Spanien, Ungarn, Belgien, Finnland, Griechenland, Italien, Schweiz, Ägypten, Indien, Sudan, Türkei oder Iran. 1960/61 hatte man noch rund 2000 Nordhäuser Schlepper exportieren können.

Vom RS 14/36 bauten die Thüringer 1964 die letzten 325 Fahrzeuge in der wassergekühlten Version und noch einmal 1345 Stück mit luftgekühltem Motor. Die Fertigung des RS 14/46 war schon 1963 eingestellt worden.

Neue Typenbezeichnungen

Die Zeit des Famulus war aber noch nicht ganz abgelaufen...

1963 führte man für die Traktoren der DDR einen neuen Typencode ein. Zugrunde gelegt wurden fünf Zugkraftklassen mit 0,6 Mp, 0,9 Mp, 1,4 Mp, 2,0 Mp und 3,0 Mp. Mit Ziffern von 1 – 5 belegt, führten die Zugkraftklassen eine Dreier-Zahlenkombination an, bei der die beiden folgenden Ziffern als Zählnummern galten. Diese scheinbar ohne festes Schema bestimmten Zahlen standen wieder für Serientraktoren, Prototypen, konstruktive Entwürfe und zuweilen vielleicht auch für Fantasiegebilde. Vor der Ziffernfolge standen wie gehabt zwei Buchstaben, die die Bauart des jeweiligen Fahrzeuges erkennen ließen.

Die Leistung des Famulus 36 mit luftgekühltem Motor gab man ab Baujahr 1964 offiziell mit 36 PS an und teilte ihn großzügig der Zugkraftklasse 3 zu. Außerdem wurde aus dem Radschlepper ein Radtraktor, dem man die Zählnummer 15 verpasste und fertig war der neue RT 315.

Der wassergekühlte Nordhäuser Schlepper erhielt die Typenbezeichnung RT 325. Dazu aber jetzt die Werbebezeichnung »Famulus 40«, da nach einer Drehzahlreduzierung auf verträgli-

Nach der Einführung eines neuen Typen-Codes bekam der Famulus mit Wasserkühlung die interne Bezeichnung RT 325. Offiziell war es nun der »Famulus 40«

chere 1800 U/min nun 40 PS im Verkaufsprospekt standen.

Technische Verbesserungen an Bremsen, Hydraulik, Lenkung und Fahrersitz (bequeme Sitzschalen mit einstellbarer Federung) waren nach und nach eingeflossen, änderten den Grundaufbau aber nicht. Die Druckluftbremsanlage für den Anhängerbetrieb, neben der Reifenfüllpumpe angebracht, war allerdings schon eine echte Neuerung. Wie auch die umsturzsicheren Fangrahmen der Fahrerkabinen.

Dennoch war die Zeit des Famulus nun endgültig vorbei. Als RT 315 (Famulus 36) war er nur im Jahre 1964 gebaut worden; der RT 325 (Famulus 40) wartete noch im folgenden Jahr mit knapp über 1000 Exemplaren auf.

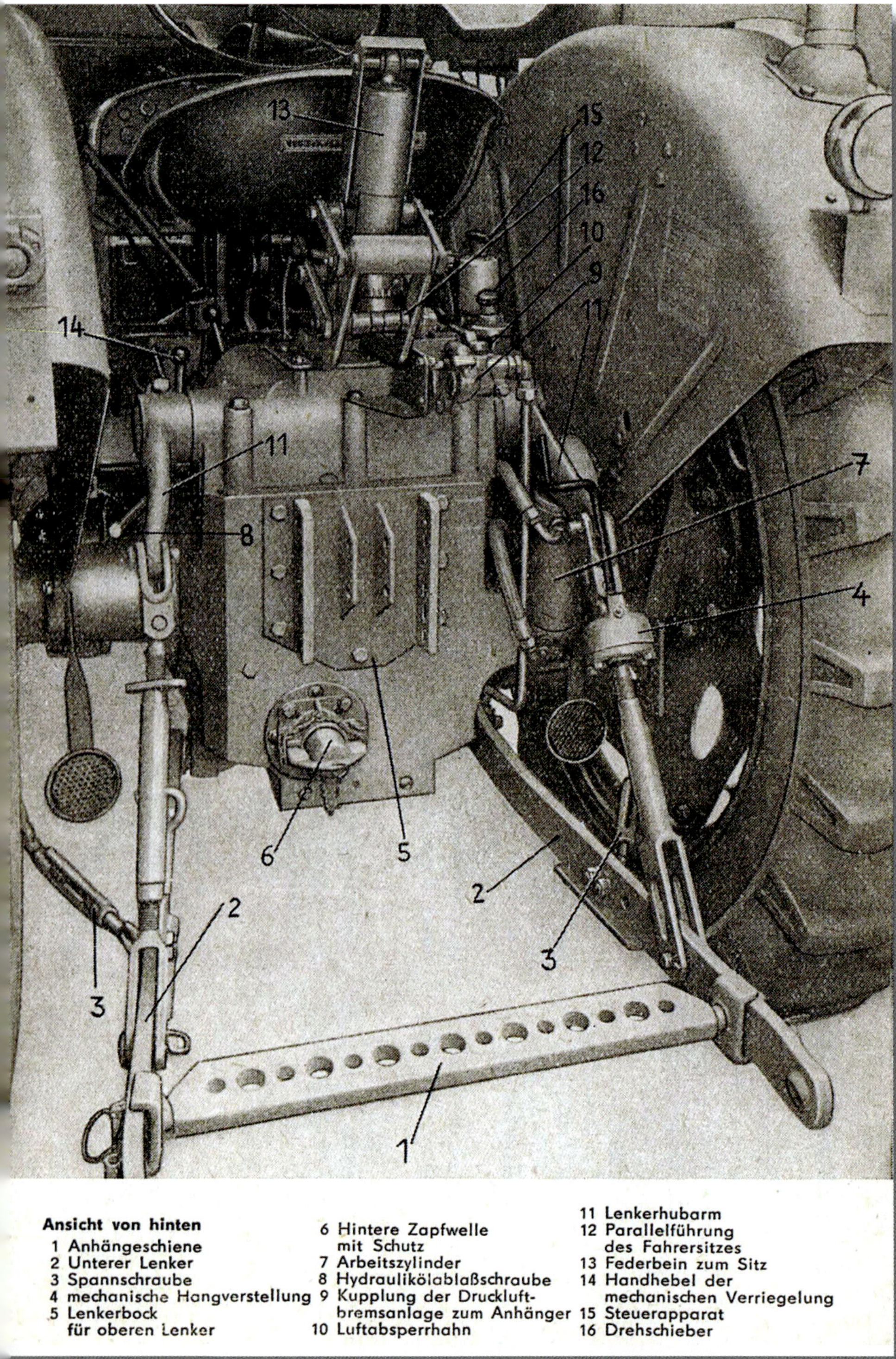

Ansicht von hinten
1 Anhängeschiene
2 Unterer Lenker
3 Spannschraube
4 mechanische Hangverstellung
5 Lenkerbock für oberen Lenker
6 Hintere Zapfwelle mit Schutz
7 Arbeitszylinder
8 Hydraulikölablaßschraube
9 Kupplung der Druckluftbremsanlage zum Anhänger
10 Luftabsperrhahn
11 Lenkerhubarm
12 Parallelführung des Fahrersitzes
13 Federbein zum Sitz
14 Handhebel der mechanischen Verriegelung
15 Steuerapparat
16 Drehschieber

Heckansicht mit Beschreibung der Technik vom Famulus 40.

Gesperrtes Öl
Druckloses Öl
Hydraulik-Schema 1
a) Heben
b) Drücken
c) Halten
d) Drucköl
e) I Arbeitszylinder–Kraftheber
f) II freier Arbeitszylinder-Anschluß
g) III freier Arbeitszylinder-Anschluß

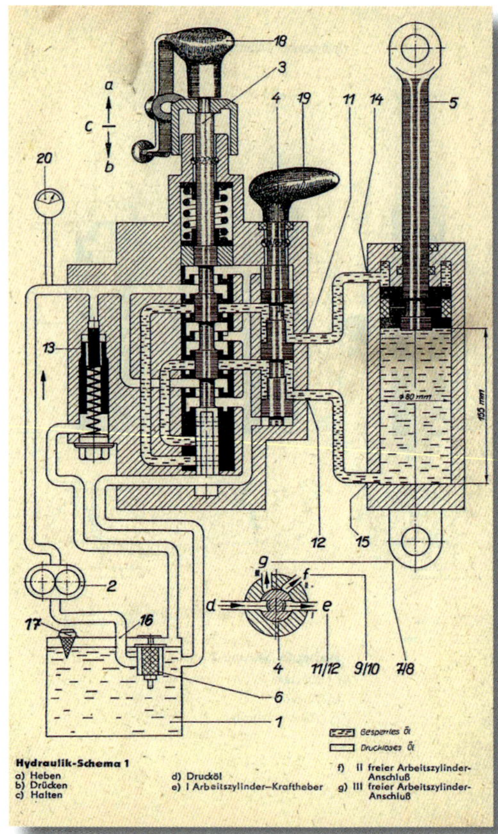

Das Schema der Haupthydraulik für den Famulus 40.

EIL-P 848

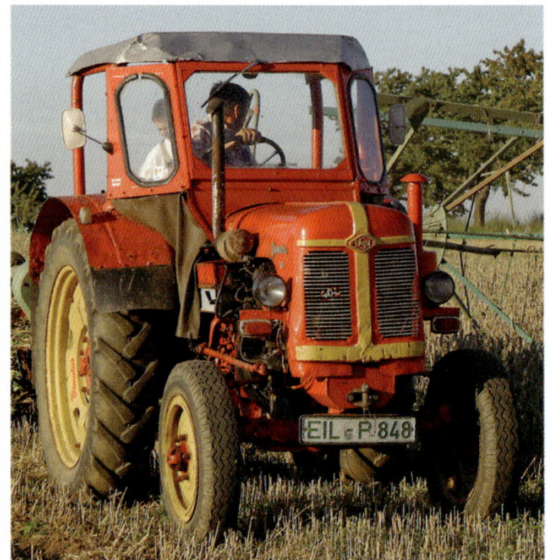

Keine Hochglanzrestaurieung: Im letzten Arbeitszustand, aber technisch intakt in Vereinsbesitz erhalten. (Foto: Ralf Weinreich)

Vermutlich wird nicht mehr jeder heute existente Famulus eine so schöne Restaurierung erleben.

Im äußeren Originalzustand und mit intakter Technik tut dieser Traktor auch 2024 noch das, was sein Name erwarten lässt – er dient.

Traktoren aus Schönebeck

(Foto: Ralf Weinreich)

Wie der Traktorenbau nach Schönebeck kam
Schönebeck an der Elbe, etwa 20 Kilometer südlich von Magdeburg gelegen, kam zum Traktorenbau wie die berühmte Jungfrau zum Kind. Traditionell war hier der Abbau von Salz und Kohle über Jahrhunderte ebenso dominierend wie die Landwirtschaft. Im 19. Jahrhundert entwickelten sich dann auch Betriebe, die das gewonnene Salz unter anderem zu Düngemitteln verarbeiteten.

Die FAMO GmbH

Um aus Schönebeck die Wiege des DDR-Traktorenbaus werden zu lassen, bedurfte es natürlich anderer Voraussetzungen. Die schuf unter anderem die Junkers-Flugzeugwerke AG, die ihren Hauptsitz in Dessau innehatte und in den Dreißigerjahren in Schönebeck ein Zweigwerk für die Montage von Tragflächen, Rumpf- und Fahrwerksteilen aufbaute. Im Januar 1945 verlagerte die FAMO Fahrzeug- und Motorenwerke AG Breslau die Fertigung von Raupenschleppern und Zugmaschinen eiligst in dieses Junkerswerk, um sie so vor den heranrückenden Russen in die vermeintliche Sicherheit zu bringen.

Die FAMO GmbH (später AG) war 1935 im Zuge der Neugliederung des mächtigen Lincke-Hoff-

Der »Rübezahl« entstammte einer Reihe von Kettenschleppern, die auf den Reißbrettern des Linke-Hofmann-Busch-Konzerns entstanden und in dessen Werk Breslau gebaut worden waren

Die Vorlage für den Pionier lieferte eine FAMO-Konstruktion von 1938. In Schönebeck versuchte man zehn Jahre später eine Serienproduktion aufzuziehen, musste die Fertigung aber schließlich nach Zwickau abgeben.

FAMO baute bis in den Zweiten Weltkrieg hinein dieses kleine Ungetüm, das dann auch in der DDR anfangs die Zusatzbezeichnung »Rübezahl« erhielt. Für schwere Böden war es das ideale Zugfahrzeug.→

Höchstleistungen durch
FAMO
RAUPENSCHLEPPER
FAMO FAHRZEUG- UND MOTORENWERKE GMBH · BRESLAU 6

mann-Busch Konzerns aus diesem hervorgegangen und hatte sich sofort als Schlepper-Spezialist mit dem Bau von Rad- und Kettenschleppern etabliert.

Etwa 50 % der gesamten Werkseinrichtung samt Personal und Firmenleitung trafen gegen Ende des Krieges per Bahn an der Elbe ein; man war aber nicht mehr in der Lage, eine Fertigung zu beginnen.

Weltrad

Weiterhin beteiligt am späteren Traktorenbau war eine 1885 als »Elektrotechnische Werkstatt« gegründete Firma, die ab 1890 unter »Weltrad-Fahrradfabrik von Hoyer & Glahm« firmierte und mit ihren Fahrrädern, Kinderwagen und Rollstühlen zu einiger Berühmtheit gelangte. Im Jahre 1900 wurde die Firma unter Beibehaltung des Markennamens »Weltrad« zur »Metallindustrie Schönebeck AG« umgewandelt, um ein halbes Jahrhundert später eine der am beginnenden Aufstieg der Schlepperfertigung in der DDR beteiligten Firmen zu werden.

Nicht von ungefähr hatte sich FAMO auf dem Junkers-Gelände niedergelassen; war doch auch von Anfang an die Übernahme der Firma geplant gewesen. Man wollte hier nach dem Krieg eine Schlepperfertigung zur Versorgung der nordostdeutschen Absatzgebiete mit traditionell großen landwirtschaftlichen Betrieben starten. Daraus wurde jedoch nichts, denn nach dem Einmarsch der Russen begann im Herbst 1945 die Demontage des Rüstungsproduzenten.

Nicht anders erging es »Weltrad«, wie die Firma kurzerhand nach ihrem Markennamen genannt wurde und wo während des Zweiten Weltkrieges unter anderem Handfeuerwaffen gefertigt worden waren.

Nun erhielt das Junkers-Werk am 3. August 1945 die Genehmigung, auf dem Weltrad-Gelände eine bescheidene Produktion von Gebrauchsgütern wie Feuerhaken, Scharniere, Rodelschlitten oder Handwagen zu beginnen. Bald folgten als ehemalige Weltrad-Produkte auch wieder Fahrräder, Kinderwagen und Krankenfahrstühle.

Die Entwicklung nach 1945

Nachdem am 30. November 1945 FAMO und Junkers zunächst zur »Fahrzeug- und Apparatebau GmbH Schönebeck« vereinigt wurden, schloss sich diesem Betrieb am 1. Juli 1948 die »Metallindustrie Schönebeck« (Weltrad) an, und alle zusammen firmierten von nun an unter »Schlepperwerk Schönebeck«. In Schönebeck galten nun alle Bestrebungen der Realisierung des Vorhabens, die FAMO-Entwicklungen »Rübezahl« (Kettenschlepper) und »LA« (Ackerradschlepper) endlich, wie Anfang 1945 vorgesehen, zu produzieren. Die beschriebenen Ereignisse nach dem Krieg ließen dies jedoch zunächst nicht zu. Nur ein paar Versuchsmuster des Kettenschleppers wurden zusammengebaut, noch bevor eine gezielte Serienvorbereitung für das Traktorenwerk Brandenburg begann. Auch der Radschlepper wurde originalgetreu in einigen Exemplaren gebaut und bis 1948, mit einigen Änderungen, für die Serienproduktion vorbereitet.

Schon 1947 hatte Schönebeck einen Prospekt mit dem FAMO-Radschlepper herausgegeben und ihn auf der Frühjahrsmesse 1949 in Leipzig gezeigt. Da war seine Fertigung in Zwickau aber längst beschlossene Sache. Die SMAD sah in Schönebeck keine ausreichenden Kapazitäten für die Montage und ordnete mit Befehl Nr. 133/49 an, diese ins Werk Horch nach Zwickau zu verlegen. Den Elbestädtern blieb die Zulieferung einiger Baugruppen für den jetzt RS 01/40 und später dann noch »Pionier« genannten Traktor.

Die letzten FAMO-Raupenschlepper der Vorkriegszeit waren dann nahezu unverändert die ersten Kettenschlepper, die noch in Schönebeck zusammengebaut wurden.

Das Traktorenzentrum der DDR

Im Herbst 1949 beauftragte die IFA das Schlepperwerk Schönebeck mit der Entwicklung eines modernen 30-PS-Radtraktors. Die Hoffnung auf die Produktion dieses Fahrzeuges war auch diesmal vergebens, denn Anfang 1951 mussten alle bis dahin erstellten Unterlagen und Funktionsmuster nach Nordhausen übergeben werden. Trotzdem, oder gerade wegen der bisher geleisteten guten Entwicklungsarbeit, entschied sich die IFA im Frühjahr 1951, Schönebeck zum Zentrum der Traktorenentwicklung und -Konstruktion in der DDR auszubauen. Der Stamm gut ausgebildeter, ehemaliger FAMO-Mitarbeiter mag diese Entscheidung mit beeinflusst haben. Das Werk wurde auch zur zentralen Koordinationsstelle für die Ersatzteilversorgung bestimmt – keine leichte Aufgabe in der plan(los)gesteuerten Mangelwirtschaft Ostdeutschlands.

Überdies beendete man 1949/50 auf den Reißbrettern eine Konstruktion aus Kriegstagen, bei

Der Geräteträger RS 08/15, auch »Maulwurf« genannt, war der erste serienmäßig in Schönebeck gebaute Schlepper.

der es sich mehr um einen kettengetriebenen Lastwagen, denn um einen Schlepper handelte. Als Typ KS 05 entstanden einige Versuchsfahrzeuge im Auftrag der kasernierten Volkspolizei. Ein interessantes Konstruktionsmerkmal dieses Fahrzeugs waren die einzeln aufgehängten Kettenräder, die es dann auch am KS 06 (KS stand für Kettenschlepper, die 06 war die sechste Entwicklung unter IFA-Regie) gab, einem sehr modernen Schlepper, der eigentlich als erster neuer Kettenschlepper der DDR vorgesehen war, aber so früh noch nicht in eine Serienproduktion überführt werden konnte.

Ein Barkas B 1000 und ein RS 09 in den 1960er Jahren vor dem Verwaltungsgebäude des Traktorenwerks Schönebeck.

Die HV Fahrzeugbau beauftragte indessen das Schönebecker Traktorenwerk, die Rübezahl-Konstruktion für eine Serienfertigung in der DDR vorzubereiten. Dabei beließ man es grundsätzlich bei der Vorkriegstechnik, modernisierte lediglich geringfügig die Motorverkleidung und das Führerhaus. Das Fahrzeug bekam damit ein durchaus eigenständiges Aussehen.

Im Dezember 1951 teilte dasselbe Gremium wiederum dem Brandenburger Traktorenwerk mit, dass der Kettenschlepper Rübezahl künftig als dessen Hauptprodukt anzusehen sei. 675 Stück sollten es noch 1952 werden; 390 konnten schließlich tatsächlich in diesem ersten Jahr gebaut werden.

Anlässlich des 20. Gründungstages der DDR legten die Schönebecker Traktorenbauer ihre Erfolgsbilanz vor. Kumulativ sah das recht eindrucksvoll aus. Die jährlichen Steigerungen hielten sich aber doch in Grenzen.

Die Geräteträger des Egon Scheuch

Der Ingenieur Egon Scheuch aus Erfurt, gehörte neben Kramer, Fendt und Hermann Lanz zu den Pionieren im Kleinschlepperbau. Das Besondere bei Scheuch war, dass er sich ab etwa 1930 auf die Entwicklung von Einachsschleppern konzentrierte. In Zusammenarbeit mit der Auto Union, Chemnitz, deren DKW-Motoren Scheuch für seine Antriebe nutzte, konstruierte er eine Motor-Getriebeeinheit, den so genannten Motorvorderwagen. Diesen hatte er, im Gegensatz zu anderen Konstruktionen dieser Art, etwa von Siemens-Schuckert in Berlin, zusammen mit Lenkrad und Fahrersitz auf eine Achse aufgebaut. Mit einer angehängten zweiten Laufachse oder einem speziellen Anhänger konnte das Fahrzeug schnell zum Vierrad-Schlepper umgewandelt werden. Die Firma Bruno Müller in Triptis stellte auch nach dem Krieg noch einige dieser für Gärtnereien oder landwirtschaftliche Kleinbetriebe geeigneten Fahrzeuge her.

DKW-Kundendienstleiter Wolf Doernhöffer führt vermutlich 1938 einen dreirädrigen Scheuch-Kleintraktor mit DKW-Motor vor. Egon Scheuch neben ihm mit einer Hand auf der Schulter.

Der Scheuch-Einachsschlepper

für den Verkehr

mit einer besonderen Laufachse, die eine Ladefläche aufnimmt und die Maschine zum Vierradschlepper mit Vierradbremse werden läßt

für die Landwirtschaft

ohne Laufachse zur direkten Kupplung von Arbeitsgeräten, mit Laufachse als Vierradschlepper mit Lademöglichkeit

Hersteller: Bruno Müller, Triptis (Thür.)
Eisen- und Maschinenbau · Motor-Aggregate
Gegr. 1876 Fernruf 40

Der Erfurter Konstrukteur Egon Scheuch hatte schon vor dem Zweiten Weltkrieg einige Schlepper-Ideen für die Produktion umgesetzt. Die Firma Müller in Triptis war unter anderem Lieferant für Scheuch-Traktoren.

Der Maulwurf

Als »Schlepperartiges Hilfsgerät für Bauern« stellte das Neue Kraftfahrzeugfachblatt in seiner Februar-Ausgabe 1950 den Geräteträger »Maulwurf« vor. Wobei die Bezeichnung »Geräteträger« für diese Fahrzeuggattung und zu dieser Zeit noch nicht geläufig war. Der geistige Schöpfer dieses Schleppers war wiederum der oben erwähnte Erfurter Ingenieur Egon Scheuch. Er stellte seine Entwicklung als Geräteträger in der Zeitschrift Agrartechnik, Ausgabe 3/1952 wie folgt vor: »Der Geräteträger trägt die Geräte zwischen Vorder- und Hinterachse, ist also praktisch ein motorisiertes Fahrgestell zur Aufnahme der verschiedensten Arbeitswerkzeuge. Um die Übersicht der Gerätearbeiten zu gewährleisten, wurde die Gestaltung des die Vorder- und Hinterachse verbindenden Maschinenelementes als schmaler, hoher, widerstandsfähiger Längsträger gewählt. Dieser Längsträger erfüllt durch die Anordnungen entsprechender Querrohreinsätze die schnelle Auswechselbarkeit der Geräte durch Bolzenbefestigungen. Um eine hohe Geländegängigkeit zu erreichen, ist die Vorderachse pendelnd am Kopfstück des Längsträgers befestigt. Der Antriebsmotor ist vor der Vorderachse am Längsträger angebracht. Eine im Längsträger

Auf der Leipziger Messe 1949 wird der Maulwurf von Egon Scheuch im IFA-Pavillon gezeigt.

gelagerte Kardanwelle überträgt die Motorkraft auf die Hinterachse. Die Hinterachse stellt ein komplettes Triebaggregat dar. Sie enthält Schaltgetriebe und Differenzial. Die Bremsanordnung ist so eingerichtet, dass durch zwei nebeneinander liegende Fußhebel Einzelradbremsung möglich ist.

Das Hauptaufgabengebiet des Geräteträgers ist die Pflegearbeit. Dementsprechend wurde diesen Bedingungen besondere Beachtung geschenkt. Die Reihenentfernungen der verschiedensten Pflanzenarten sind bestimmend für die Radspur. Diesem Umstand ist auch durch die Verstellbarkeit der Radspur Rechnung getragen.

An die Geräteträger sind bisher mit sehr gutem Erfolg folgende Arbeitswerkzeuge angebaut

Ein Prospekt zeigt den Maulwurf in zeichnerischer Darstellung mit einem Bodenbearbeitungsgerät.

Für die Feldbearbeitung waren die Proportionen des ersten Maulwurfs mit den kleinen Hinterrädern noch recht ungünstig.

In der nächsten Entwicklungsstufe entsprachen die Radproportionen des Maulwurfs schon dem späteren Typ RS 08/15.

worden: Kartoffel-Kulturgeräte, Hackrahmen mit Parallelogramm, Drillmaschine, Düngerstreuer, Grubber, Grasmäher, Heuwender, Kartoffelroder, Schädlingsbekämpfungsgeräte, Unkrautstriegel.«

Museumsstück: Bereits für den ersten »Maulwurf« gab es eine Reihe von Anbaugeräten.

1949 waren erste Versuchsmuster noch in Erfurt mit verschiedenen DKW-Motoren entstanden, die dann auch schon bei mehreren Gelegenheiten der Öffentlichkeit vorgestellt wurden. Da Scheuch früher mit der Auto Union in Chemnitz zusammengearbeitet hatte, ergab es sich fast automatisch, dass die Nachfolgeorganisation, die Industrieverwaltung Fahrzeugbau, Chemnitz, bzw. ab 1950 die IFA-Vereinigung Volkseigener Fahrzeugwerke, Werk Chemnitz, sich der Scheuchschen Entwicklung annahm und als Hersteller dieses kleinen Multitalents auftrat. Wenngleich natürlich kein einziges Fahrzeug in Chemnitz direkt entstanden war. Vielmehr wurden weitere 30 Versuchsfahrzeuge in Schönebeck gebaut und allesamt mit dem DKW-Motor TL 500 bestückt. Allerdings ist es nicht zu einer Großserienfertigung gekommen; mehr als 50 Fahrzeuge der »Ackermaschine« oder »Fahrkuh«, wie das Gefährt noch heißen sollte (eine Typenbezeichnung gemäß IFA-Nomenklatur hatte es nicht gegeben), dürften inklusive der Vorstufen zum RS 08/15 nicht gebaut worden sein.

Der Vierrad-Geräteträger in der international eher seltenen Einholm-Bauweise wurde von einem Einzylinder-Zweitakt-Vergasermotor der Marke DKW (um 1950 herum »IFA-DKW«) mit 8 bis 8,75 PS angetrieben, der, getreu Scheuchscher Einachskonstruktionen, vor der Vorderachse saß.

Die von Scheuch beschriebenen Geräte, die zwischen den Achsen befestigt wurden, trieb eine Zapfwelle an, die über zwei Anschlüsse verfügte und standardmäßig 540 U/min abgab. Eine Ackerschiene und eine Anhängerkupplung vervollständigten die Ausstattung und ließen das Gesamtgewicht auf immer noch sehr geringe 570 kg anwachsen. Mit den großen Rädern erreichte der Maulwurf die enorme Bodenfreiheit von 72 cm.

Die »Spinne«

Egon Scheuch war ein unermüdlicher Konstrukteur, der laufend um die Verbesserung seiner Ideen bemüht war. Als Gegenstück zum »Maulwurf« entstand noch die »Spinne«. Bei ihr nahm der Gedanke Gestalt an, Motor und Getriebe als eine Einheit zu bauen. Statt des kastenförmigen Trägers kam ein Rohr zum Einsatz, auf dem die Vorderachse verschoben werden konnte. Die Patentzeichnungen zeigen darüber hinaus auch eine Ausführung mit zwei Tragrohren, auf denen sowohl Vorderachse wie auch Triebachse verschoben werden konnten. Im RS 08/15 wurden die Erkenntnisse aus dem Einsatz beider Maschinen, ergänzt um weitere Forderungen aus der Praxis zusammengeführt. Noch vorliegenden Angaben wurden von der »Spinne« nur wenige Exemplare gebaut. Keine dieser Maschinen scheint erhalten geblieben zu sein.

Der RS 08/15 und das SZ 24

Nachdem Ingenieur Scheuch seinen Einholm-Geräteträger »Maulwurf« mit vorn auf der Holmspitze sitzendem Motor nach Schönebeck über-

Alternativ zum Maulwurf versuchte sich Egon Scheuch auch an einem Versuch mit einem Rohrträger und der gesamten Antriebseinheit auf der Hinterachse.

geben hatte, arbeitete er an einer Entwicklung weiter, die er »Spinne« nannte und bei der er diesen Motor hinter dem Fahrersitz platziert hatte. Im Gegensatz zum Maulwurf hatte die Spinne außerdem einen runden Holm.

Für den nun folgenden, ersten in größeren Stückzahlen in der DDR gebauten, Geräteträger hatte diese Entwicklung noch keinen nennenswerten Einfluss – auf den Nachfolger dann aber sehr wohl. Doch der Reihe nach.

Das erste traktorähnliche Gefährt, das nach dem Krieg in Schönebeck in einer Serienproduktion gebaut wurde, war der RS 08/15, der den Beinamen »Maulwurf« von seinem Vorgänger übernehmen durfte.

Der neue »Maulwurf«

Mit der Übertragung aller weiteren Traktorenentwicklungen an das Schlepperwerk Schönebeck, übertrug das Ministerium für Maschinenbau 1951 auch die Weiterentwicklung und Serienfertigung der Scheuchschen Konstruktionen an die Elbe. Schon im Mai 1952 waren die ersten fünf Versuchsfahrzeuge fertiggestellt und die Nullserienfertigung ins Auge gefasst. Als Produktionsstandort war – wieder einmal – das Traktorenwerk in Brandenburg vorgesehen. Allerdings war auch von vornherein festgelegt worden, den neuen »Maulwurf« nur vorübergehend im BTW zu montieren und ihn nach Erweiterung der Kapazitäten in Schönebeck (Verlagerung der Kinderwagen-Produktion nach Zeitz) wieder dorthin zurück zu verlagern. Es reichte dann aber in Brandenburg wieder nur zu einer Vorserie von 35 Fahrzeugen, die dort von Ende September bis Jahresende 1952 entstand. Andere Quellen sprechen von der Montage auch der Vorserienmodelle in Schönebeck.

Ab Anfang 1953 bauten die Schönebecker nun also ihren ersten Schlepper in Serie. Die Typenbezeichnung hatten sie ihm schon vorab selbst verpasst (bis 1958 legten die Schönebecker Konstrukteure alle Typenbezeichnungen für die DDR-Traktoren fest, danach übernahmen dies staatliche Stellen) und als achte Konstruktion »RS 08/15« genannt. Die Zusatzbezeichnung »Maulwurf« blieb erhalten. Die 15 resultierte wieder aus der Leistung in PS, die von dem verwendeten IFA-DKW 2-Zylinder-Zweitakt-Ottomotor abgegeben wurde.

Dieser Motor war eine modifizierte Form eines seit den 1930er Jahren eingesetzten Triebwerks für die berühmten DKW-Frontantriebs-Wagen aus Zwickau. Seit 1949 lebte diese Baureihe mit dem PKW IFA F 8 in der DDR wieder auf und blieb gegenüber dem Vorkriegsmodell nahezu so unverändert, wie sein 18 PS leistender Motor.

Lenkung

Vordere Breitstrahler

Auspuff

RS 08/15 »Maulwurf« in der frühen Serienausführung mit geschlossenem Tank, durch den das Lenkrohr geführt wurde.

Dieser wurde für die allerersten RS 08/15, bis Fahrzeugnummer 200, unverändert eingebaut. Eine erste Änderung ergab sich danach mit dem veränderten Triebwerk F8/II, das durch ein neues Kurbelwellengehäuse aus Grauguss besser zum Getriebe harmonierte. Trotzdem erwies sich der Motor als nicht robust genug für die Anforderungen im rauen landwirtschaftlichen Alltag. Vor allem die thermischen Belastungen im Standbetrieb oder bei kontinuierlich hohen Drehzahlen ließen den kleinen Zweitakter schnell kollabieren. Dazu kam eine hohe Staubbelastung durch den originalen PKW-Luftfilter und die ungünstige Lage der Unterbrecher vorn in der Dynastartanlage, die eine Einstellung des Zündzeitpunktes erschwerten. Und eine nicht optimal eingestellte

Der RS 08/15 in seiner zweiten, meistgebauten Ausführung, erkennbar am hochgezogenen Luftfilter und dem in der Mitte offenen Tank, durch den das Lenkgestänge führte. Die Zwillingsbereifung hinten war optional.

Zündung belastete den Zweitaktmotor zusätzlich. Erst ab Fahrzeugnummer 1985 kam es zu einer besser angepassten Motorenvariante mit der Bezeichnung F8/IIv. Diese Weiterentwicklung, die ursprünglich von Anfang an vorgesehen, aber nicht rechtzeitig fertig geworden war, erschien den obersten Politikern in der DDR so wichtig, dass Parteichef Ulbricht einen persönlichen Referenten mit der Beobachtung betraute. Im Chemnitzer Motorenwerk, wo dieser Motor gebaut und konstruktiv betreut wurde, war man über diese zusätzlichen Belastungen nicht sonderlich erfreut, hielten sie doch – so meinte man dort – die Belegschaft von der eigentlichen Arbeit ab.

Der F8/IIv wies deutliche Veränderungen auf. So war auf dem vorderen Kurbelwellenzapfen ein neuer Fliehkraftregler angebracht, der durch ein Übertragungsgestänge mit dem Vergaser verbunden war. Ein Verteilergehäuse mit Verteilerwelle und Zündverteiler war jetzt gut zugänglich oben vor dem Zylinderblock angebracht. Die Dynastartanlage musste von jetzt an auf den Schwungmagnetzünder verzichten, da eine Zündspule fortan den Funken erzeugte. Gut erkennbar war der neue, hoch aufragende Ölbadluftfilter mit Zyklon. Das alles reduzierte zwar die Leistung des Motors auf maximal 16 PS (Dauerleistung 15 PS), verbesserte aber deutlich seine Standfestigkeit, da unter anderem die Drehzahl von 3000 auf 2400 U/min reduziert worden war. Fast 6400 dieser Motoren entstanden insgesamt in Chemnitz bzw. Karl-Marx-Stadt, wie der Ort seit 1953 genannt werden musste. Von dort kam auch das Getriebe. Als 8-Gang-Reversiergetriebe mit vier Vorwärts- und vier Rückwärtsgängen ermöglichte es Geschwindigkeiten von 1,5 – 15 km/h, die sowohl rückwärts wie vorwärtsgefahren werden konnten.

Ansonsten zeichneten den Maulwurf alle die Eigenschaften aus, die größtenteils schon sein Vorgänger in die Entwicklung eingebracht hatte. Die Hinterräder waren etwas vergrößert worden, die Basisspurweite vorn und hinten dagegen verringert. Wobei die Spurweiten natürlich grundsätzlich verändert werden konnten, ebenso wie der Radstand. Dies waren ganz wesentliche

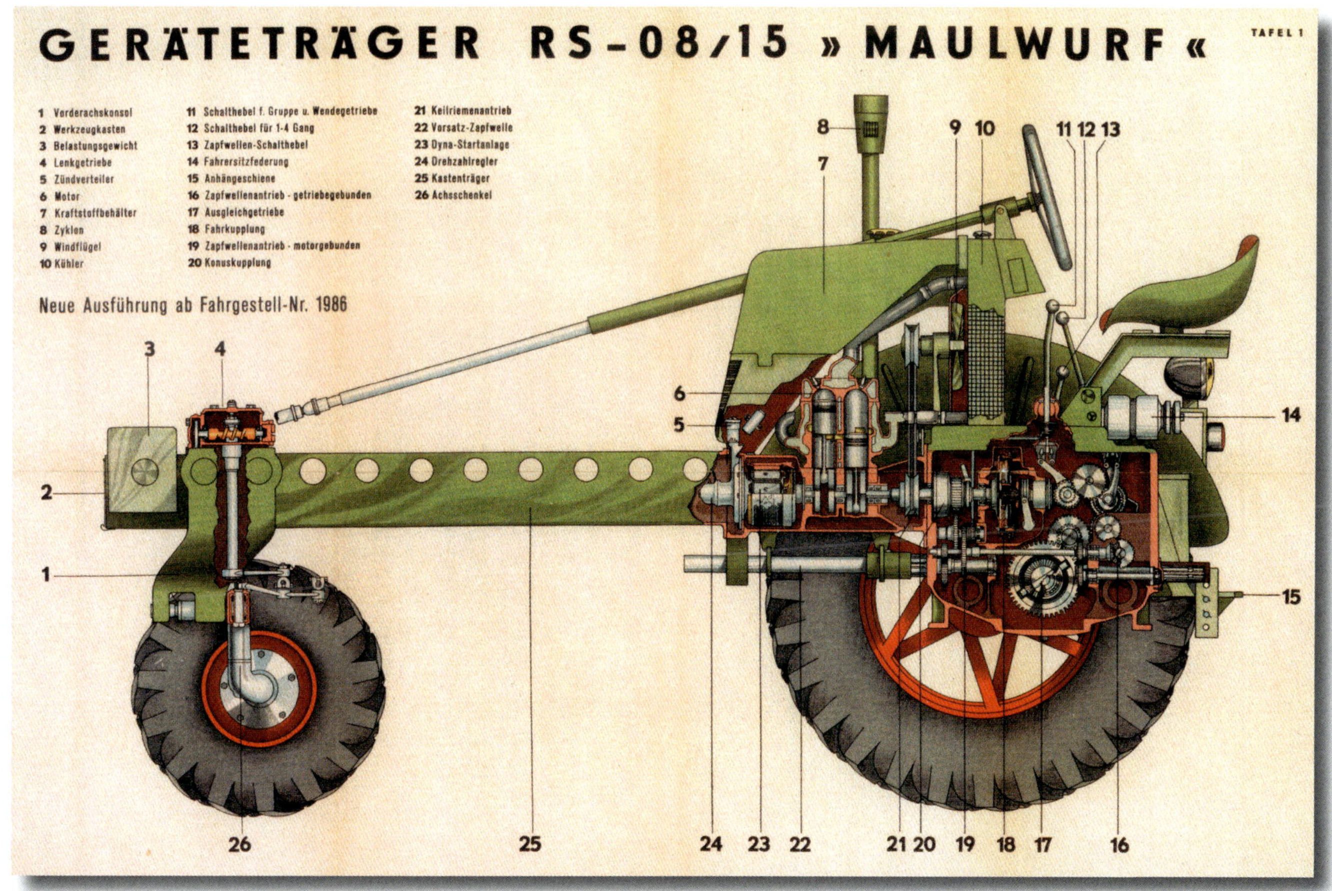

Schwachpunkt der ansonsten genialen Konstruktion war der von DKW stammende Zweizylinder-Zweitakt-Ottomotor mit nur 690 ccm Hubraum, der ab Fahrgestell-Nr. 1986 eine Überarbeitung erfuhr.

Wie beim Urmaulwurf trieb den RS 08/15 wieder ein DKW-Triebwerk an, das jetzt aber am Ende des Tragholms, vor dem Fahrersitz platziert war. ←↑

Eigenschaften des Geräteträgers, wie im Übrigen auch die Einzelradbremsung zur besseren Wendefähigkeit.

An den jetzt zwei Zapfwellen (seitlich in der Mitte und hinten) konnten 1955 insgesamt 41 verschiedene Anbaugeräte, wie Hackrahmen, Kartoffelroder, Drillmaschine, Schneepflug, Straßenbesen, Kalkgebläse oder Seilwinde angebracht und betätigt werden.

Neben dem Motor waren ab Fahrzeugnummer 1985 auch die Vorderachse und die komplette Lenkung verbessert (Lenkstange jetzt durch den offen gespaltenen Tank), Armaturenbrett und Tank verändert worden. Übersichtlicher waren nun auch die getrennten Getriebe-Schalttürme für das Schaltgetriebe, für die Gruppenschaltung und das Wendegetriebe.

Trotz Verbesserungen blieb der Motor in den folgenden Jahren die Schwachstelle des RS 08/15. Gemessen an seiner Leistung war er immer noch zu anfällig und der Benzinverbrauch viel zu hoch

Eine ganze Reihe von Anbaugeräten sind speziell für den Schönebecker Geräteträger entwickelt worden.

(nicht zuletzt, weil der Sprit auch noch das eine oder andere Moped oder Motorrad mitversorgen musste!). Letzteres führte dazu, dass der Geräteträger zu Beginn der 1960er Jahre regelrecht von den Feldern verbannt wurde. Da erlebte sein Nachfolger aber schon Jahresstückzahlen, die der Maulwurf in seinen vollen vier Produktionsjahren bis 1956 gerade so geschafft hatte: 5751 Stück. Unter anderem auf Grund seiner zügigen Aussonderung sind bis heute nur wenige Fahrzeuge erhalten geblieben.

Selbst in den vielen Museen, die es inzwischen zur DDR-Motorisierung- und Landwirtschaft gibt, ist ein RS 08/15 selten zu sehen.↗

Schon allein wegen der ermüdenden Anreise sieht man einen RS 08/15 heute eher selten auf einem Oldtimer-Treffen.→

Während heute noch viele alte DDR-Traktoren in der Feldbearbeitung aktiv sind, fährt ein RS 08/15 meistens nur noch für die Show aufs Feld.↓

Das Seilzugaggregat SZ 24

1957 stellte das Schönebecker Traktorenwerk erstmals ein Seilzugaggregat vor, das die Dampflokomobile aus der Vorzeit des Pflügens dort ersetzen sollte, wo sie immer noch unentbehrlich waren. Das uralte System von Max Eyth, bei dem der Pflug vom Feldrain aus mittels Seilzug durch schwere, oft sumpfige Böden gezogen wurde, schien nämlich in einigen Gegenden immer noch notwendig zu sein. In Hochwasser- und Sumpfgebieten, wie auch auf extrem schweren Böden (zum Beispiel in der Magdeburger Börde, im Oderbruch oder in der Wische) bewährte sich diese Technik zu Beginn der 1960er Jahre immer noch bestens. Hier, auf so genannten »Minutenböden«, wo eine Bodenbearbeitung nur innerhalb einer kurzen Zeitspanne im Herbst möglich war, konnte mittels des Seilzuggerätes der Acker über einen längeren Zeitraum bearbeitet werden.

Das Seilzugaggregat SZ 24 sollte die außer Dienst gestellten Dampflokomobile in einigen Gegenden ersetzen, konnte deren Leistung aber nicht ganz erreichen.

Um einerseits einen hohen Bodendruck zu vermeiden, andererseits eine hohe Standfestigkeit bei nicht zu hohem Eigengewicht zu gewährleisten, kam als Aggregatträger natürlich nur ein Kettenfahrwerk in Frage. Hierfür hatten die Schönebecker Konstrukteure in den Jahren zuvor eine Menge Erfahrung sammeln können und waren in der Lage, auf vorhandene Unterlagen zurückzugreifen.

Fahrerhaus und Motorhaube erinnerten ein wenig an die, zu dieser Zeit in Zwickau bzw. Werdau gebauten LKW. Der 6-Zylinder-Dieselmotor, der im Schönebecker Motorenwerk für das Seilzugaggregat passend gemacht wurde, leistete anfangs 150 PS, später 180 PS. Gebaut wurde der Motor mit der Bezeichnung 6 KVD 18/15-SRW im Motorenwerk Johannisthal und zuletzt im Elbewerk Rosslau.

Die Seiltrommel wurde mittig auf dem Fahrzeugrahmen montiert, so dass die Zugkraft über einen großen Winkelbereich abnehmbar war. Der Seilzug konnte seitlich oder über das Heck des Fahrzeuges erfolgen. Meist zogen die Aggregate große Drehpflüge der Leipziger Firma Sack durch den Boden.

Montiert wurde das SZ 24 ab 1959 im Mähdrescherwerk Weimar. Nach 50 Einheiten, die den Bedarf in der DDR durchaus abdeckten, war aber schon wieder Schluss. Während sich die Schlepperbauer einen Einsatz auf asiatischen Reisfeldern sehr gut hätten vorstellen können, zeigten sich die zuständigen Stellen im staatlichen Außenhandel eher zugeknöpft.

Dennoch blieb das SZ 24 eine interessante Episode im Landmaschinenbau der DDR.

Der RS 09 und seine Abwandlungen

Eines vorweg: Der Nachfolger des RS 08/15 erhielt zwar anfangs auch den Beinamen »Maulwurf«, aber schon Ende der 1950er Jahre verschwand

(Foto: Ralf Weinreich)

Der RS 09 war in der Gattung der Geräteträger zweifellos auch international ein Spitzenprodukt, das sofort entsprechend vermarktet und für den Export beworben wurde.

diese Bezeichnung völlig im offiziellen Gebrauch. Und trotzdem blieben der RS 09 und seine Weiterentwicklungen im Volksmund immer der »Moll«, »Molli« oder eben »Maulwurf«. Bis heute. Und er ist auch bis zum heutigen Tag eines der beliebtesten Fahrzeuge der ostdeutschen Feierabend-Landwirtschaft, wenngleich seine Produktionseinstellung schon 50 Jahre zurück liegt.

Der RS 09

Aber der Reihe nach. Für den RS 08 galt es als dringendste Aufgabe, den alten DKW-Zweitaktmotor durch ein moderneres Dieselaggregat abzulösen. Hierfür hatte die HV Automobilbau schon 1952 ihre Entwicklungsstelle in Berlin-Johannisthal mit einer entsprechenden Entwicklung beauftragt. Auch das dazugehörige Fahrzeug mit der Typenbezeichnung RS 09/15 befand sich übrigens, kaum dass der RS 08 fertig war, schon auf den Reißbrettern der Konstrukteure in Schönebeck. Für den Motor forderten seine Auftraggeber ein schnelllaufendes Dieselaggregat, luftgekühlt, ein wenig schräg geneigt, mit einer Dauerleistung von 15, später 18 PS. Außerdem war der Benzinmotor ZL 770 von MZ in Zschopau im Gespräch. Als vier Jahre später, 1956, der Dieselmotor für die ersten Prototypen gebraucht wurde, war er nicht fertig, ja er steckte entwicklungstechnisch in einer Sackgasse. Die Arbeiten in Berlin wurden abgebrochen und der Import

Die Väter der genialen Einholm-Geräteträger aus Schönebeck (v.l.n.r.): Ing. Karl Heinz Meyer (Chefkonstrukteur im VEB Traktorenwerk Schönebeck), Ing. Egon Scheuch (Erfurt), Ing. Gerhard Hendrich (Gruppenleiter), Ernst Laserke (Obermeister in der Entwicklungswerkstatt), Alfred Klemme (Schlosser in der Entwicklungswerkstatt)

VEB TRAKTORENWERK SCHÖNEBECK
GERMANY

Der für den RS 09 in Lizenz gebaute, schnelllaufende Zweizylinder-Dieselmotor aus Österreich. (Siehe auch nachfolgende Seite)

eines entsprechenden Motors bewilligt. Für die bis zum 30. Juni 1956 zu bauenden 20 Funktionsmuster verwendete man dann tatsächlich den Zweitakt-Benzinmotor ZL 770, der, luftgekühlt, aus den 770 ccm Hubraum 15 PS bei 3000 U/min holte. Auf dem ersten RS 09-Prospekt war der Schlepper noch mit diesem Motor bestückt, der aber nicht die in ihn gesetzten Erwartungen erfüllte.

In Schönebeck entschied man sich für ein Zweizylinder-Triebwerk aus der ältesten Motorenfabrik Österreichs, der Firma Warchalowski in Wien, deren Dieselmotoren den Markennamen »Austro-Diesel« trugen. 1957 importierte die DDR 1000 Stück des Typs FD 21 und vereinbarte mit Warchalowski eine Lizenzproduktion. Diese sollte 1958 im Motorenwerk Schönebeck anlaufen, was

Titelblatt eines ganz frühen RS 09-Prospekts vom Juni 1958.←

trotz einer Reihe von Problemen schließlich auch gelang. Allerdings: Während die originalen österreichischen Triebwerke problemlos liefen, kämpfte man an der Elbe noch jahrelang mit den Qualitätsmängeln der Produkte aus eigener Fertigung und der Schmierstoffe aus DDR-Produktion. Staatliche Stellen verhinderten stets konsequent die Einreise von Warchalowski-Spezialisten, die helfend hätten eingreifen können, in die DDR. In Schönebeck hatte der 2-Zylinder-4-Takt-Dieselmotor in V-Anordnung die Bezeichnung FD 21/1 erhalten. Die Leistung betrug auch beim Lizenzmotor zunächst nur 15 PS bei 3000 U/min. Darüber gibt es in der Literatur unterschiedliche Auffassungen. Fakt ist, dass bis zur Fahrgestell-Nr. 53521 der FD 21/1 eingebaut wurde und dieser nach Werkangabe bis dahin eben besagte 15 PS bei 3000 U/min als »eingestellte Dauerleistung« abgab. Das Werk veröffentlichte auch Angaben, wonach 16 PS als

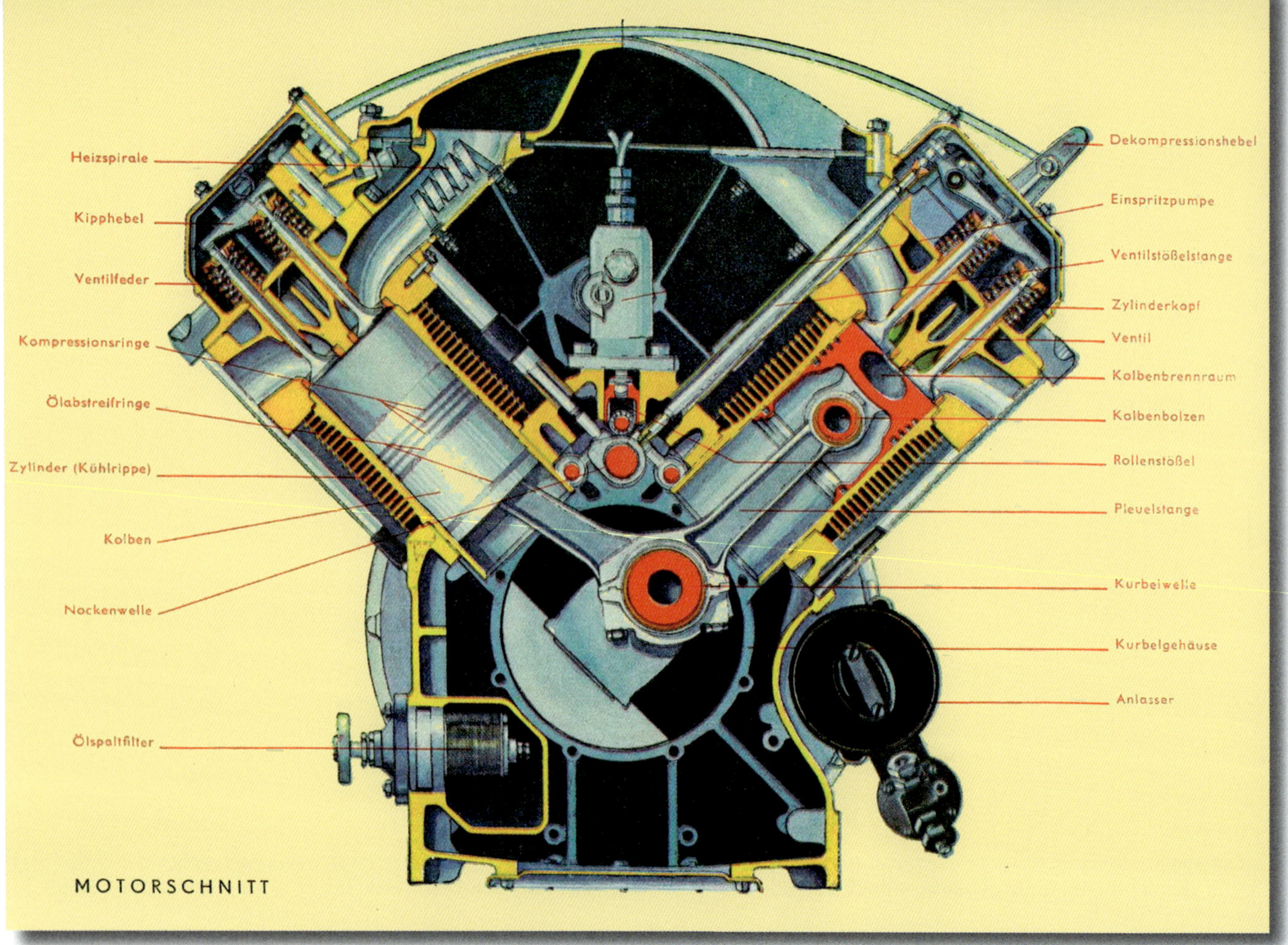

Höchstleistung möglich waren. Ab Fahrgestell-Nr. 53522 betrug die Leistungsabgabe (wieder als Dauerleistung bezeichnet) 16,5 PS bei ebenfalls 3000 U/min. Jetzt kam allerdings der Motor 2 KVD 9 SVL zum Einsatz, der, deutlich überarbeitet, jetzt einen größeren Hubraum (1145 statt bisher 1020 ccm), erzielt durch eine größere Zylinderbohrung (90 statt 85 mm), aufwies. Die neue Motoren-Nummern-Reihe startete mit 250 001.

Im neuen Geräteträger sollte der Motor nun unter dem Fahrersitz angebracht sein und mit Getriebe und Hinterachse eine Einheit bilden. Dies wurde schließlich zu einem besonderen Charakterzug des Einholm-Geräteträgers Made in GDR, der nebenbei noch dem Fahrer freie Rundumsicht gewährleistete.

Es gab Querelen wegen einer möglichen Produktionsverlagerung nach Nordhausen, die unter anderem dadurch abgewendet werden konnte, dass das DAMW den Vorserienmodellen des neuen Geräteträgers das Gütezeichen 1 verlieh, wobei nur ein einziges Pünktchen für das begehrte »S« fehlte.

Die unnötige Standortdiskussion verzögerte den Beginn der Serienfertigung um einige Monate. Nachdem schließlich der Standort Schönebeck gesichert und bauliche Erweiterungen beschlossene Sache waren, konnte noch im Herbst 1957 mit der Montage des RS 09 begonnen werden.

Technik und Modellpflege

Nun unterschied sich der neue Geräteträger vom alten nicht nur durch den Motor und dessen Position. Ein wesentlicher Fortschritt bestand jetzt auch in einer vorhandenen Hydraulikanlage, die drei Anbauräume ermöglichte und mehrere

Interessanter Einblick in das Innenleben des RS 09 der ersten Serienausführung.

Arbeitsgeräte gleichzeitig betreiben konnte. Die Zahnradpumpe für die Hydraulik war seitlich am Schaltgetriebe angeordnet. Ihr Antrieb war motorgebunden und kupplungsunabhängig. Das System ließ zwar diverse Hydraulikschläuche scheinbar wirr in der Gegend herumhängen, dafür war aber das Lenkgestänge jetzt wenigstens im Holm versteckt.

Weiterhin waren vorn und hinten je eine Zapfwelle vorhanden, die wahlweise motor- oder weggebunden sein konnten. Die weggebundene Zapfwelle konnte links- oder rechtsdrehend eingestellt werden. Jede Kombination war auf Wunsch des Traktoristen während der Fahrt einstellbar.

Neben den wieder über 40 Anbaugeräten

waren schon in der Konstruktionsphase unterschiedliche Fahrzeugkonzepte entwickelt worden, die den Antriebs-Hinterachsblock als Basis verwendeten. Die Sonderfahrzeuge, von denen im Anschluss noch ausführlich die Rede sein wird, gingen nach und nach in Serie.

Der RS 09 blieb Zeit seines Lebens ein Entwicklungsobjekt. Ganz wesentliche Veränderungen ergaben sich ab Fahrgestell-Nr. 53522. Diese betrafen unter anderem den Fahrersitz, der

Stallarbeiten waren für den Geräteträger das ideale Einsatzgebiet.

Der Mangel an Traktoren in der DDR machte den RS 09 auch für Feldarbeiten interessant. In späteren Jahren sah man den Geräteträger dort immer weniger.

eine neue, schaumgepolsterte Sitzschale und eine völlig neue Sitzfederung erhalten hatte. Dazu gab es Detailverbesserungen an Kupplung, Getriebe, Achsen und Lenkung. Kernstück der Überarbeitung aber war die endlich verfügbare Dreipunktaufhängung am Heck des RS 09 und die bereits erwähnte, durch Hubraumvergrößerung erreichte Leistungssteigerung des Motors von 15 auf 16,5 PS. Intern änderte sich die Bezeichnung des Fahrzeugs damit ab 1959 in RS 09-2, äußerlich erkennbar an den jetzt 14 statt bisher zwölf Holmlöchern (um Ladepritsche und Mähwerk gleichzeitig montieren zu können) und den Zweiwege-Scheinwerfern.

Ab Motor-Nr. 261000 erhielt das Triebwerk im Frühjahr 1962 ein neues Kühlluftgebläse, das

Äußerst beliebt war die hydraulisch kippbare Ladepritsche der Firma Hunger in Frankenberg.

eine wesentlich größere Kühlluftmenge zu den Zylindern führte und so eine höhere thermische Belastung des Motors ermöglichte. Zu erkennen war das neue Gebläse an der Schutzkappe mit Sieb vor dem Ventilator.

Schließlich gab es ab Fahrgestell-Nr. 56580 noch eine überarbeitete Hydraulikanlage, unter anderem mit neuer Pumpe, neuem Verteiler und neuem Arbeitszylinder.

Inzwischen befand man sich im Modelljahr 1962, das im Übrigen von den erstmals verwendeten Blinklichtern und der verkleideten Zapfwelle gekennzeichnet war. Die nächstfolgenden Änderungen am RS 09 brachten auch gleichzeitig eine neue Typenbezeichnung mit sich.

Vorwärts oder rückwärts? Der modulare Aufbau ließ mit wenig Aufwand beide Möglichkeiten zu. In der Praxis sah man den RS 09 so aber nur selten.

Der weiterentwickelte RS 09-2 war 1961 auch an den erstmals eingesetzten Blinkleuchten zu erkennen. Der Kombiladebaum gehörte vor allem bei Hof- und Stallfahrzeugen unbedingt dazu. Der Drillvorbau ist hier nur Anschauungsobjekt.

Der Hopfentraktor und seine Ausgangsbasis

Vom RS 09 gab es in der Folge seiner Serieneinführung einige Abwandlungen, die ihm zum Teil schon bei seiner Entwicklung in die Wiege gelegt worden waren und schließlich mehr oder weniger eigenständige Fahrzeuge darstellten.

Der Bekannteste von ihnen dürfte wohl der RS 56 gewesen sein, der auch als »Hopfentraktor« in die Geschichte des ostdeutschen Schlepperbaus einging. Er entstammte einer Entwicklungsreihe, die drei weitere Varianten des RS 09 hervorbrachte: Den Normalschlepper RS 27, den Plantagenschlepper RS 28 und schließlich den RS 56. Allen drei gemeinsam war der verkleidete und vorn, hinter der Vorderachse sitzende Motor. Für den

Wie beim »Plantagenschlepper« RS 28 (Foto) saß auch bei der ersten Ausführung des »Hopfentraktors« RS 56 der Motor auf dem Holm hinter der Vorderachse.

Der RS 56 war auch sehr exportorientiert konzipiert worden. Vielleicht war deshalb bei der dritten Version des Hopfentraktors die Haube den Porsche-Schleppern nachempfunden worden.

Auch für den Hopfentraktor (hier bei einer Vorführung auf der Messe »agra« in Markkleeberg), gab es diverse Anbaugeräte wie diese Schaufel am Ladebaum.

Hopfentraktor RS 56 setzte man aber den Motor schon bald wieder nach hinten. Die wesentlichen Unterschiede dieses 1959 erstmals gezeigten RS 56/1 zum RS 09 waren an Achstrichter, Längsträger, Vorderachskonsole sowie Fahrersitz und Lenkgestänge auszumachen. Außerdem musste wegen der geringeren Spurbreite eine neue Dreipunktaufhängung entwickelt werden. Auf Grund der kompakten Bauweise wanderten Batterie, Kraftstoffbehälter und Werkzeugkasten auf den Träger, dem zur Abdeckung dieser Bauteile eine Haube aufgesetzt worden war. Mit dem Übergang vom RS 09 zum GT 122/124 im Jahre 1963 kam dann eine etwas formschönere Haube zum Einsatz.

Der Hopfenanbau war für das Biertrinker-Land DDR von großer Bedeutung. Da verwunderte es nicht, dass auf Basis des RS 09 ein eigens zur Hopfenpflege entwickelter Traktor – im Bild die zweite Version mit wieder nach hinten verlegtem Motor – in Schönebeck gebaut wurde.

Eine ganze Reihe von Anbaugeräten sind damals eigens für den Hopfentraktor entwickelt und gefertigt worden. Etwa das Kombinationsgerät Hopfen B 178, an dem wahlweise Pflug, Grubber, Scheibenegge oder Ackerbürste montiert werden konnten. Oder der Dammräumer B 179 und die Hopfenspritze S 091.

Alles in allem eine gelungene und sehr gefragte Gerätekombination, die nicht nur in der DDR dafür sorgte, dass Hopfen und Malz nicht verloren waren.

Hier ein bestens restaurierter RS 56 mit Kartoffelrodeanbau. (Foto: Ralf Weinreich)

Maistraktor und Row-Crop-Traktor

Nicht ganz so spektakulär kam der »Maistraktor« RS 26 daher. Kennzeichnend für diese Variante war die hohe Bodenfreiheit von über einem Meter, konstruktiv erreicht durch veränderte Achskonstruktionen vorn und hinten. Damit konnten Maiskulturen bis zu einer Höhe von 90 cm durchfahren werden, wobei auch die Spur entsprechend den Pflanzenreihen breiter eingestellt war. Auf den RS 26 war das Maishackgerät P 153 vom VEB Landmaschinenbau Torgau abgestimmt worden und bildete mit diesem meist eine Einheit.

Aus dieser Entwicklungsreihe kam auch der Row-Crop-Traktor RS 54, der nach Manier der 3-Rad-Pflegetraktoren speziell für Baumwollkulturen entwickelt wurde. Im Gegensatz zum klassischen 3-Rad-Schlepper hatte die RS 09-Variante beide Vorderräder dicht nebeneinander an einem senkrechten Achsstumpf befestigt.

Auch die Grabenfräse, besonders beliebt in Meliorationsbetrieben, basierte auf dem RS 09 mit der hohen Bodenfreiheit.

Auf spezielle Plantagen sollte diese interessante Version, der Row-Crop-Traktor RS 54, eingesetzt werden.

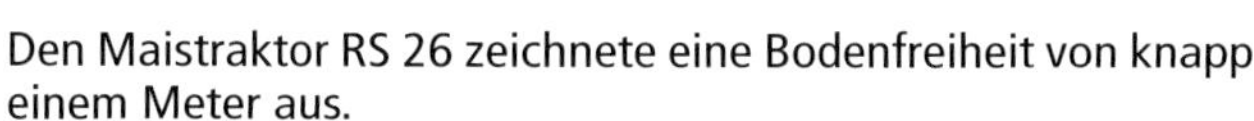

Den Maistraktor RS 26 zeichnete eine Bodenfreiheit von knapp einem Meter aus.

Plantagenschlepper und Rübenblattauflader

Tiefergelegt war dagegen der Plantagenschlepper RS 28. Seine Besonderheit war außerdem die klassische Trennung von Motor und Getriebe, die ein Gussträger miteinander verband. Der Motor saß vor einem verkürzten Holm hinter der Vorderachse und war ähnlich dem RS 56 verkleidet.

Der Rübenblattauflader T 275 endete als Gesamtfahrzeug erst nach sieben Meter langem Aufbau mit Blattaufnahmeharke, Transport- und Förderband. Dass hieß an Stelle des Tragholms waren die Arbeitsgeräte T 272, T 274 oder T 275 eingebaut. Davor dann die bekannte Vorderachse des Geräteträgers, über ein außenliegendes Gestänge gelenkt.

Als Rübenblattauflader war der Geräteträger nicht nur ein eher seltener, sondern auch ein skurriler Gefährte.

Meliorationsbetriebe schworen auf die Grabenfräse, wenn sie denn eines der seltenen Stücke ergattern konnten.

Der Gabelstapler

Eine Entwicklung aus der Not heraus war der 1961 fertig gestellte Gabelstapler St 961, den man eigentlich nur für den internen Werkeinsatz bei der Traktorenfertigung vorgesehen hatte. Bei diesem Gerät, das wenig mit landwirtschaftlicher Nutzung zu tun hatte, war auch die Herkunft äußerlich kaum noch erkennbar. Der Antriebsblock samt Fahrerplatz, jetzt in einen Rahmen eingebaut, stammten vom RS 56 und war hinter die Achse, die kettengetriebene Hubvorrichtung für die beiden Gabeln knapp davor und noch zwischen den Rädern platziert worden. Die Vorderachse des RS 54, gelenkt über Kette und Kettenräder, stützte den verkleideten Hinterbau, der die Gewichte aufnahm, die den Stapler auch bei einer Tonne Last auf den Gabeln nicht aus dem Gleichgewicht brachten.

Der Gabelstapler St 961 erhielt später in zwei unterschiedlichen Varianten die Typenbezeichnungen DFG 1 RS 09 (3000 mm Hub) und DFG 2 RS 09 (1700 mm Hub).

Nicht zur Serienfertigung gelangte dieser Baustellen-Dumper mit der Typenbezeichnung TA 25.

GT 122 / 123 / 124

Im ersten Verkaufsprospekt für den neuen Geräteträger mit der »Werbebezeichnung« RS 09/124 hieß es unter anderem: »Ein leistungsfähiges Herz erhielt der wendige Geräteträger RS 09/124 mit dem neuen luftgekühlten 4-Zylinder-Dieselmotor. Die 25 PS garantieren auch bei

RS 09/124

Geräteträger RS 09/124 hilft bei der Durchführung der Rationalisierung in Industrie und Landwirtschaft! Die vielseitigen Einsatzmöglichkeiten des RS 09 ermöglichen die ganzjährige Auslastung der vorhandenen Anbaugeräte-Reihe und erhöhen die Rentabilität in allen Betriebsbereichen. Der 25-PS-4-Zylinder-Viertakt-Dieselmotor sichert maximale Auslastung der Anbaugeräte und gestattet hohe Arbeitsgeschwindigkeiten.

In den ersten Jahren wurde der neue Geräteträger mit Vierzylinder-Motor als RS 09/124 beworben.

Auf der IGA (Internationale Gartenbauausstellung) 1967 wurde die Vorstellung des neuen Geräteträgers aufwändig in Szene gesetzt. Und es gab auch Vorführungen des Geräteträgers wie hier mit verbreiterten Achsen in einem Blumenfeld.

Dauereinsätzen mit Gerätekombinationen noch Kraftreserven. Der luftgekühlte Motor arbeitet mit einem Verdichtungsverhältnis von 1:18. Die günstige Anordnung unter dem Fahrersitz beeinträchtigt in keiner Weise die Sichtmöglichkeiten des Traktoristen.

Auswechselbar sind die Motoren des Geräteträgers. Wahlweise kann deshalb statt des 25 PS starken 4-Zylinder-Dieselmotor des RS 09/124 in das gleiche Fahrgestell der 2-Zylinder-Dieselmotor des RS 09/122 mit einer Leistung von 18 PS eingebaut werden. Die Ansprüche an Leistungsfähigkeit, Arbeitsgeschwindigkeiten und Bodenstruktur werden hier die Grundlage für Entscheidungen sein.«

Für Exportzwecke baute man einen wassergekühlten Zetor-Motor in den Geräteträger ein und gab ihm die Typenbezeichnung GT 123.

Zwei oder vier Zylinder

Damit waren faktisch zwei neue Geräteträgertypen eingeführt worden, die sich aber speziell im Falle des RS 09/122 kaum vom letzten Entwicklungsstand des RS 09-2 unterschieden. Erwähnenswert ist vielleicht noch, dass das Lenkrad nicht mehr für die Rückwärtsfahrt umgebaut werden konnte.

Natürlich musste zur Aufnahme des größeren Motors der Hinterachsschemel verändert werden. Außerdem erhielten die neuen GT´s ein geändertes Sonnendach, das über eine verstärkte Rohrkonstruktion gespannt wurde, die gleichzeitig eine Art Sicherheitskäfig für den Fahrer darstellte. Später wurde der Käfig noch einmal durch ein Blechdach verstärkt und es konnte eine komplette Wetterschutzverkleidung inklusive Scheiben montiert werden.

Die internen Typenbezeichnungen nach dem neuen Code-System waren GT 122 und GT 124. Dazwischen schob sich mit der Bezeichnung GT 123 der Versuch, für den Export ein Modell mit wassergekühltem Dieselmotor anzubieten. Dabei wurden zwei Motorvarianten von tschechischen Zetor-Traktoren, mit jeweils zwei Zylindern, die 22 und 24 PS leisteten, eingebaut. Charakteristisch war beim so entstandenen GT 123 der große, im Fahrzeugheck nach hinten zeigende, Kühler.

Die GT-Bezeichnungen setzten sich später als alleinige Namen für die Geräteträger durch. Allerdings verlor der Zweizylinder-Typ, dessen Motor weiterhin in Schönebeck gebaut wurde, immer mehr an Bedeutung und der GT 124 rückte klar in den Vordergrund. Zum Ende der 1960er Jahre hin wurde der GT nicht mehr mit dem kleinen Motor angeboten. Die Fertigung des Wiener Lizenz-Motors verlegte man 1968 nach Cunewalde, wo er weiterhin für die Schwenkkräne T 157 bis T 157/2 und als Ersatz-Motor für den RS 09 montiert wurde.

Der neue 4-Zylinder-Motor des GT 124 kam aus Cunewalde.

Ein Dieselmotor aus Cunewalde

Aus Cunewalde kam auch der neue 4-Zylinder-Dieselmotor mit der Bezeichnung 4 KVD 8 SVL, ein Quadrathuber (Bohrung und Hub je 80 mm), der wie sein zweizylindriger Kollege seine maximale Leistung bei 3000 U/min abgab. Der Einsatz dieses Motors für den Schönebecker Geräteträger war keine Selbstverständlichkeit gewesen; es hatte auch Stimmen gegeben, die die Lizenzfertigung eines entsprechenden 4-Zylinder-Triebwerks von Warchalowski, Wien,

Endabnahme des GT 124 auf dem Freigelände das Traktorenwerks Schönebeck.

Vor allem um Exportkunden anzulocken setzte der zentrale Außenhandel der DDR auch den GT 124 mit vielen Werbeaufnahmen schön in Szene.

Auch für den neuen Geräteträger wurden weiterhin eine Reihe von Anbaugeräten bereitgehalten. Wie auf diesem Bild der Mähbalken E 143 und der Rüttelzetter E 251.

befürworteten. Aber solche Dinge hatten in der DDR nicht die Fachleute zu entscheiden und so setzte der Ministerrat am 25. Oktober 1962 allen Diskussionen ein Ende und beschloss: »...dass der luftgekühlte 4-Zylinder-Dieselmotor 4 KVD 8 des Motorenwerkes Cunewalde in den Geräteträger GT 124 einzubauen und der Betrieb auf die ausschließliche Fertigung der Dieselmotorenreihe KVD 8 zu spezialisieren und im Interesse einer engeren Verbindung mit dem Hauptabnehmer Traktorenwerk Schönebeck von der VVB Dieselmotoren, Pumpen und Verdichter in die VVB Landmaschinen- und Traktoren zu überführen ist.« 2 ½ Jahre später wurde das Motorenwerk in Cunewalde dann übrigens der VVB Auto zugeordnet.

Schon im August 1961 hatten die Cunewalder einen entsprechenden Motor zu Testzwecken nach Schönebeck geliefert. 1962 kamen 13 Fertigungsmuster und 1963 100 Nullserienmotoren dazu. Entsprechend begann die Serienvorbereitung des GT 124 in Schönebeck Gestalt anzunehmen. Bis Sommer 1962 stellte der Musterbau 13 Funktionsmuster her, von denen elf auch gleich an ausgewählte landwirtschaftliche Betriebe zur Erprobung ausgeliefert wurden. Weitere 15 Fahrzeuge konnten bis Februar 1963 fertig gestellt werden. Von diesen Nullserienexemplaren schickte man einige zur Begutachtung auch an Exportpartner. Zum Serienstart kam es erst im zweiten Halbjahr 1964, wobei der Übergang vom RS 09 zum GT 122/124 fließend war.

Der GT 124 wurde bis 1972 gebaut und war zwischen 1965 und 1967, nach dem Ende des Schlepperbaus in Nordhausen und vor dem Serienstart des ZT 300, der einzig produzierte Traktor Made in GDR. Für Pflegearbeiten, auf Plantagen, in der Weidewirtschaft, auf Höfen und in Ställen war der Universaltraktor ein unentbehrlicher Helfer geworden.

Das vorläufige Ende der Geräteträger

Das Hauptargument der verantwortlichen Politiker, den GT 124 nach 1972 nicht mehr weiter zu bauen und neben der Produktion des ZT 300 noch die Montage von Häckslern nach Schönebeck zu verlagern, waren die zurückgegangene Exportnachfrage und eine gewisse Sättigung auf dem Inlandsmarkt. Letzteres war allerdings ein Trugschluss, wie sich wenige Jahre später zeigen würde.

Trotz verschiedener Versuche hat es in der DDR danach keinen Großserien-Geräteträger mehr gegeben. Dass solche Fahrzeuge aber eben vor allem in den Tierproduktionsbetrieben doch noch gebraucht wurden, zeigte die Tatsache, dass wohl

Trotz seiner ungeheuren Vielseitigkeit mussten die Schönebecker die Geräteträger-Fertigung 1972 einstellen. Eine Fehlentscheidung, die eine ungeheure Lücke in der ostdeutschen Landwirtschaft hinterließ.

Auch Jahrzehnte nach der Produktionseinstellung nutzen Feierabendbauern und Rentner den Schönebecker GT für ihre kleine Landwirtschaft. Wie in diesem Fall der Vater des Autors.

kaum einer der rund 80 000 im Lande verbliebenen GT-Typen zu DDR-Zeiten ausrangiert worden war. Noch heute sind viele dieser Fahrzeuge auf Feierabendplantagen unterwegs.

1967 hatten die Cunewalder Motorenbauer den GT-Motor etwas überarbeitet, was seinen Niederschlag in der neuen Typenbezeichnung 4 VD 8/8 SVL und den verbesserten Leistungsdaten mit einer Verdichtung von jetzt 1:20 fand. Zu dieser Zeit war der Produktionshöhepunkt mit 12 210 Fahrzeugen im Jahre 1966 schon überschritten. Mit der Einführung des ZT 300 gingen die Zahlen danach Jahr für Jahr zurück, lagen aber im letzten Fertigungsjahr immer noch bei 4000 Exemplaren.

Der Bergtraktor

Mit dem Übergang zum GT 124 präsentierte die Schönebecker Entwicklungsabteilung (offiziell war es ein Jugendkollektiv des TWS) eine Variante des Geräteträgers für den Einsatz in Hanglagen. Das »Bergtraktor« genannte Fahrzeug hatte vorn und hinten gleich große Räder mit Niederdruckbereifung, die auch alle vier angetrieben werden konnten. Dafür sorgte der Motor, der vor der Vorderachse und vor dem Träger auf einem Hilfsrahmen saß und über eine Welle im Träger (ähnlich wie beim Ur-Maulwurf) mit dem Getriebe verbunden war. Die Haube des Motors war im Design des späteren ZT 300 gehalten. Eine weitere Besonderheit waren die an der rechten

Der legendäre Bergtraktor, hier eine frühe Variante von 1965, mit den unterschiedlichen Achslängen hatte den Motor vorn.

Früher Prototyp (1964) eines GT 140 mit verkleidetem 24-PS-Motor über der Vorderachse.

Fahrzeugseite weit herausgezogenen Achsen, während die linken Achsen einen normalen Abstand zur Fahrzeugmitte aufwiesen. Die entstandene überdimensionale Spurbreite mit der entsprechenden Gewichtsverlagerung ließen den Traktor auch an Hängen bis 18 % sicher stehen. Zur Serienfertigung dieses Gefährts kam es in Schönebeck nicht. Aber die sehr interessierte Braunkohlenwirtschaft baute sich, nach Überlassung des entsprechenden Materials, 50 Stück in Eigenregie zusammen.

Einige der geschilderten Sonderfahrzeuge waren mit ein Grund, warum der Geräteträger nach Einführung des 4-Zylinder-Motors als Typ GT 122 auch mit dem 2-Zylinder-Motor weitergebaut wurde. Der leistungsschwächere Motor war zum Beispiel für den RS 56 durchaus ausreichend.

Der Portaltraktor PT 129

Von 1969 bis 1974, die Serienproduktion der GT-Reihe war da längst ausgelaufen, fertigte der VEB Kombinat für Gartentechnik Berlin in seiner Außenstelle Wutha (Thüringen) den Portaltraktor PT 129 in Einzelstücken an. Voraussetzung war das Anliefern von neuen oder in Schönebeck generalüberholten GT 124, die nun mit einem speziellen Achssystem versehen, eine Bodenfreiheit von 1800 mm erreichen konnten. Der ganze Traktor, der vor allem für den Betrieb in Baumschulen vorgesehen war, erreichte somit eine Höhe von 3450 mm! Das Ungetüm, das auch noch 3005 mm breit sein konnte, hatte gefederte Achsschenkel, und im Gegensatz zum normalen GT keine pendelnd aufgehängte Vorderachse.

Hack- und Spritzgeräte waren in erster Linie als Anbaugeräte vorgesehen. Etwa 30 dieser Fahrzeuge sollen entstanden sein.

Hier einer der wenigen erhaltenen Portaltraktoren auf einer Veranstaltung. Ob es für die Maschinisten ein Vergnügen war mit diesen hochbeinigen Dingern im Einsatz zu sein, bleibt dahingestellt.

Die ZT-Baureihen

Betrachtet man den ZT 300 (ZT stand für Zugtraktor) als einen Quantensprung im Traktorenbau der DDR, dazu die Schwerfälligkeit der ostdeutschen Industrie im Allgemeinen und die der Zulieferer für die Kraftfahrzeughersteller im Speziellen, dann muss man im Nachhinein erstaunt darüber sein, wie kurz der Zeitraum von den ersten konstruktiven Entwürfen bis zur Serienfertigung dieses neuen Traktors war. Hier wurde deutlich, welche Chancen in der Industrie steckten, wenn – wie in diesem Fall – die Regierung hinter dem Projekt stand und genügend Druck ausübte, sowie ein hoher Anteil bereits

Zwei Prototypen des ZT 300 von 1964 und 1965. Man setzte auf das klassische Prinzip des Halbrahmen-Schleppers mit oder ohne (Tropenausführung) Fahrerhaus und Hinterrad-Antrieb.

existierender Baugruppen aus anderen Maschinenbau-Bereichen in die Entwicklung einfloss. Diese Möglichkeit bestand beim ZT 300 in hohem Maße und wurde konsequent umgesetzt. So wurden Motor, Lenkgetriebe und Luftfilter bereits beim Fortschritt-Mähdrescher und beim LKW W 50 eingesetzt. Ebenso stammten Hydraulikteile, Reifen, Bremsanlage, Elektrik und Lenkung aus dem übrigen Nutzfahrzeugbau. Da man beim neuen, großen Zugtraktor von der bisherigen Blockbauweise zu einer Bauart mit Halbrahmen übergegangen war, konnte die Integration dieser fertigen Bauteile relativ problemlos erfolgen.

Der ZT 300 – Technik und Ausstattung

Der 4-Zylinder-Dieselmotor stammte in seinem Grundaufbau immer noch von der bereits mehrfach erwähnten EM-Baureihe ab. Nach dem Werdauer LKW S 4000-1 trieb er auch den in Ludwigsfelde seit 1965 gebauten LKW W 50 an. Mit der Bezeichnung 4 VD 14,5/12-1 SRF konnte der Motor in Nordhausen rechtzeitig vor Beginn der ZT-Serienproduktion auf Direkteinspritzung und Mittenkugelverbrennung (Lizenznahme von MAN) umgestellt werden. Gegenüber dem LKW (125 PS) war die Dauerleistung für den Traktor auf 90 PS bei 1850 U/min festgelegt worden. Sein Verbrauch wurde mit 9,5 Liter pro Stunde

Vielleicht waren die Reifen ja etwas unterdimensioniert; ansonsten repräsentierte der ZT 300 den aktuellen Entwicklungsstand in dieser Klasse.

NEU

ZT 300

Der VEB Traktorenwerk Schönebeck bereitet den Serienbeginn des neuen Zugtraktors ZT 300 vor.

Nach Jahren intensiver, oft zersplitterter, Entwicklungen und einer Reihe von Prototypen stand am Ende mit dem ZT 300 ein für die DDR völlig neuer Traktorentyp auf dem Acker.

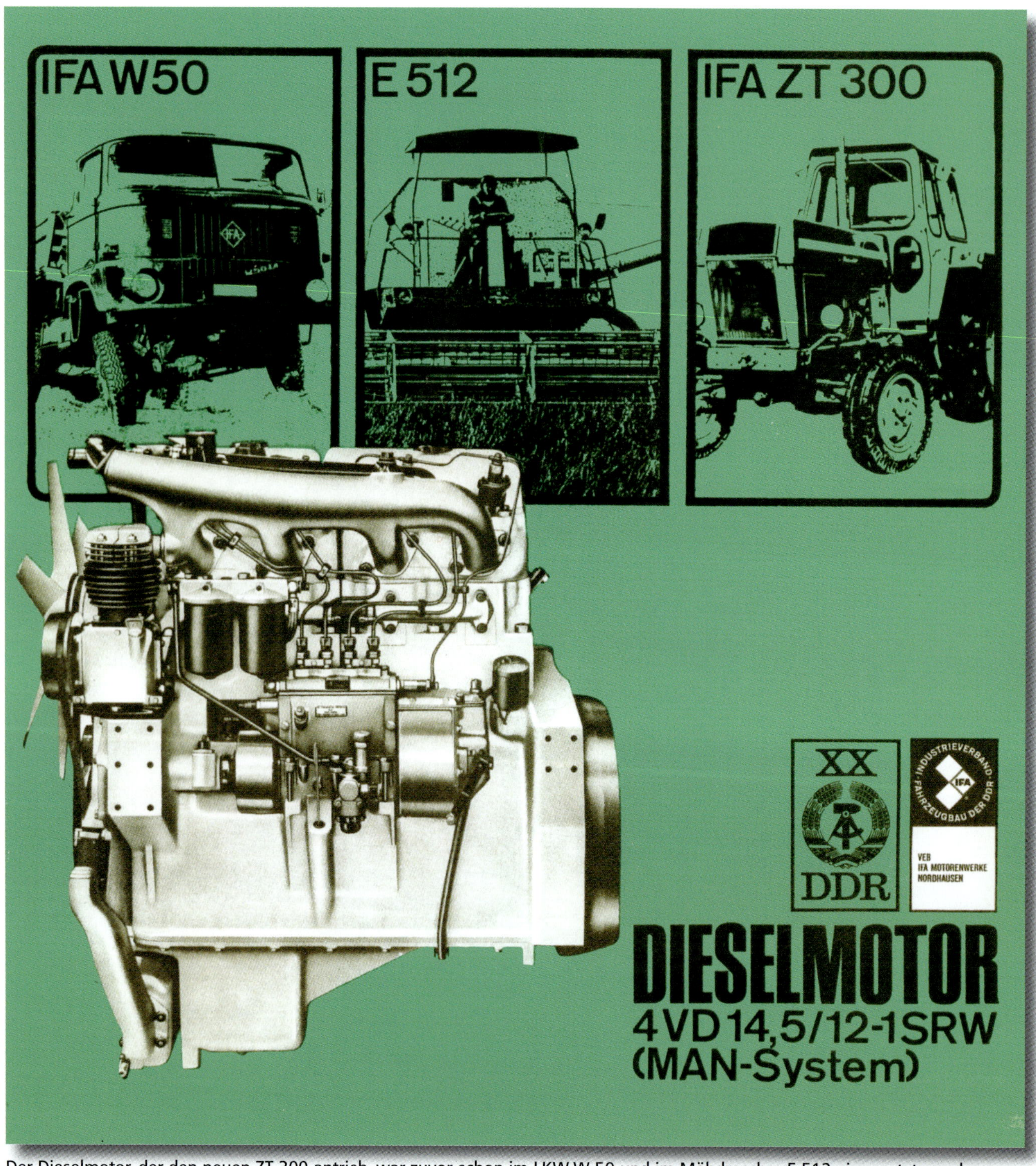

Der Dieselmotor, der den neuen ZT 300 antrieb, war zuvor schon im LKW W 50 und im Mähdrescher E 512 eingesetzt worden.

angegeben. Damit sollte der Diesel im 130 Liter fassenden Tank (der in den ersten Jahren ständig riss) eine Schicht lang reichen. Während der Motor mittels Silentblöcken elastisch im Rahmen hing, war die Getriebeeinheit fest mit letzterem verschraubt. Eine Gummifederkupplung übernahm die Verbindung dieser beiden Hauptteile. Der Getriebeblock beinhaltete neben der eigentlichen Kupplung, die als Doppelkupplung ausgelegt war, das Schaltgetriebe, das Ausgleichsgetriebe, die Achstrichter mit Endabtrieben für die angetriebenen Hinterräder, die Bremsanlage, die Hydraulikpumpen und die Kraftheber-Steuerung.

Völlig neu konstruiert und im ehemaligen BTW in Brandenburg gebaut wurde das 3-Gang-Schaltgetriebe. Drei Schaltgruppen ermöglichten hier neun Getriebestufen, die Geschwindigkeiten zwischen 3 und 30 km/h erlaubten. Die beiden ersten Schaltgruppen waren umkehrbar, so dass sechs Rückwärtsgänge bis 10 km/h zur Verfügung standen. Mit Hilfe einer Unterlaststufe konnte die Minimalgeschwindigkeit auf 2,4 km/h verringert, die Zugkraft aber deutlich gesteigert werden.

Eine Zweistrom-Radialkolbenpumpe trieb die gut ausgestattete Hydraulikanlage an. Diese umfasste die Lenkung, die Kraftheberhydraulik und einen offenen Hydraulikantrieb für eventuelle Aufbaugeräte. Der Betriebsdruck betrug 15 bar.

Selbstverständlich gab es wieder eine Zapfwelle, wahlweise motor- oder getriebegebunden, umschaltbar von 540 U/min auf 1000 U/min für Anbau-, Anhänge- und Aufsattelgeräte.

Zum Fahrwerk des neuen Traktors gehörten ferner die ungefederte Kastenprofil-Vorderachse, die pendelnd in der Vorderachskonsole lagerte, die Lenkung, die Räder mit der Bereifung 7.50-20 (vorn) und 18.4/15-30 (hinten), eine Anhängerkupplung und die Druckluftbremsanlage. Bei

Ein ZT 300 hatte in der DDR durchschnittlich 1800 Betriebsstunden pro Jahr zu absolvieren. Das setzte die gewisse Robustheit voraus, die diesem Traktor nicht abzusprechen war. Ein Schlepper in der Bundesrepublik hatte mit etwa 350 Stunden ein vergleichsweise ruhiges Leben.

Ein ZT 300 in Tropenausführung ohne Kabine im Einsatz.

deren Nutzung durfte die Anhängelast maximal 24 t betragen. Die Spurweiten betrugen vorn 1500 bis 1875 mm und hinten 1550 bis 2000 mm. Mit einem hydraulisch betätigten Bremsschalter konnte je nach Bedarf das linke oder das rechte Vorderrad abgebremst werden, um so einen möglichst geringen Wendekreis auf dem Acker zu ermöglichen.

Bei der Ausstattung der Fahrerkabine hatte man Wert auf Bequemlichkeit und Ergonomie gelegt. Das gut belüftbare Fahrerhaus – im Gegensatz zu allen bisherigen DDR-Schleppern gehörte es zur Standardausrüstung – konnte später auch beheizt werden. Sein Dach bestand übrigens aus Duroplast und wurde im Trabantwerk in Zwickau gepresst.

Ab dem 15. September 1967 rollte der in Serie produzierte ZT 300 neben dem GT 124 aus den Schönebecker Werkhallen. Sein Preis (»Industrieabgabepreis«) betrug anfangs 40 000 Mark der DDR (am Ende seiner Produktionszeit waren es 71 075 Mark).

Der Startschuss für den ZT 300 war im März 1962 gefallen, als der Ministerrat der DDR beschlossen hatte, die »energetische Basis der Landwirtschaft« entscheidend zu verbessern und mit der Entwicklung eines 100-PS-Traktors zu beginnen, um mit diesem »den Weltstand zu erreichen und mitzubestimmen«. 1964 konnte der erste Prototyp vorgestellt werden, der unter anderem noch nicht über den letztendlich eingesetzten Motor verfügte und auch noch kein Fahrerhaus hatte.

1966 war der im Vergleich zu seinen Vorgängern riesige Traktor (4,65 m lang, Radstand 2,8 m, je nach Ballastierung 4910 bis 6030 kg schwer) serientauglich. Um die Serieneinführung und die danach angepeilten Stückzahlen abzusichern, meinten Wirtschaftsfunktionäre, die Traktorenbauer wieder der VVB Automobilbau zuordnen

Zwar war der Motor des ZT 300 ein alter Bekannter, das Getriebe und viele andere Bauteile hingegen war vollkommen neu konstruiert worden.

Alles war gut durchdacht am ZT 300. Dennoch war er mit seinen über fünf Tonnen Gewicht und den 90 PS ein wenig zu schwach auf der Brust.

20 Jahre DDR und 20 Jahre Traktoren aus Schönebeck war 1969 Grund genug, eine umfangreiche Broschüre herauszugeben, deren Titelseite Einblick in die ZT 300-Fertigung gibt.

zu müssen, da hier nicht nur ein Teil der Zulieferer angesiedelt war, sondern auch, weil die vermeintlich größten Reserven im Werkzeug- und Produktionsmittelbau sowie in der Sondermaschinen-Entwicklung bei den Autobauern steckten. Tatsächlich wurden die Betriebe der VVB Automobilbau umfassend in die Vorbereitung der ZT-300-Produktion mit einbezogen, was diese zwar absicherte, die Automobilbauer aber, die eben kein modernes Fahrzeug bauen durften, nicht wenig verärgerte.

Der Start klappte mit noch 1000 ZT´s (Volksmund) bis Ende 1967 und 6000 Stück im Jahr darauf (höchste Jahresproduktion überhaupt) zwar wie geplant, die Freude darüber blieb aber nicht ganz ungetrübt. Neben technischen Mängeln an Tanks, Motoren und Regelhydraulik war speziell die Bereifung der Antriebsräder für die Größe des Traktors unterdimensioniert. Und: Obwohl dem ZT 300 bei Bodenbearbeitung und Saatbettbereitung eine deutlich höhere Leistung (60 bis 70 %) gegenüber bisherigen DDR-Schleppern attestiert wurde, konnte diese anfangs nicht immer umgesetzt werden, weil der Landmaschinenbau noch keine passenden Geräte anbieten konnte. Trotzdem: Die DDR hatte es geschafft, einen, dem internationalen Entwicklungsstand durchaus entsprechenden Traktor auf die Räder zu stellen.

Das musste man nun nur noch den Bauern im eigenen Lande klar machen, die ob des gewaltigen Brockens und dessen Preis anfangs noch vor einer solchen Anschaffung zurückschreckten.

In der Jubiläumsbroschüre wurde auch diese Aufnahme des neuen Schönebecker Traktorenwerks abgebildet.

Erst nach und nach konnte der Landmaschinenbau der DDR passende Arbeitsgeräte für den ZT 300 liefern. Im Bild eine Aufsattel-Kartoffellegemaschine.

Ein ZT 300 zieht einen aufgeladenen T 174-2 vom Mähdrescherwerk Weimar.

Der ZT 303 mit Allradantrieb

1972 schoben die Schönebecker Traktorenbauer den großen ZT mit Allradantrieb und der Typenbezeichnung ZT 303 nach. Wenngleich auch anderes versucht worden war, kam doch folgerichtig die Vorderachse des LKW W 50 LA zum Einsatz, die nun, anders als beim LKW, pendelnd im Vorderachsträger des ZT gelagert wurde. Abgegriffen wurde der Vorderachsantrieb an der Stelle, wo beim ZT 300 eine Zwischenachs-Zapfwelle angebaut werden konnte. Zwar litt die Bodenfreiheit durch die angetriebene Vorderachse ein wenig, dennoch avancierte der ZT 303 schnell zum Ackerschlepper Nummer eins in der Feldwirtschaft. Das war nicht verwunderlich, lagen doch seine Zugleistungen auf nassem oder sandigem Boden gegenüber dem ZT 300 noch einmal um 50 % höher (1,8 t gegen 1,25 t). Zudem konnten Hanglagen mit einer Neigung von bis zu 25 % problemlos beackert werden und das hohe Zugvermögen am Berg (3,4 t) machte Bergauffahrten auch mit größeren Lasten möglich.

Die Zu- und Abschaltung des Frontantriebes ging automatisch bei sieben bis acht Prozent Schlupf der Hinterräder mit Hilfe eines Klemmrollen-Freilaufes vor sich. Sank der Schlupf unter diesen Bereich, löste der Freilauf den Zusatzantrieb und der Traktor rollte nur noch von der Hinterachse getrieben weiter.

Kennzeichnend für den ZT 303 waren seine wulstigen Reifen auf den Vorderrädern (12,5-20).

Bevor es den ZT 300 in der Allradversion gab, mussten auf schweren Böden Zwillingsräder auf die Antriebsachse gesteckt werden.

Für schwere oder extrem leichte Böden sowie für Hanglagen stellten die Schönebecker dem ZT 300 1972 den allradgetriebenen ZT 303 (rechts) zur Seite. Seine Vorderachse stammte vom W 50, angetrieben wurde sie von der Stelle, wo beim ZT 300 die Zwischenachszapfwelle montiert war.

Der Allrad-ZT war auf Anhieb an seinen voluminösen Vorderradreifen der Größe 12,5 x 20 zu erkennen. Das »D« in der Typenbezeichnung kennzeichnete die Modelle mit Zugkraftverstärker ab etwa 1980.

Schon 1973 spendierte man dem 5190 bis 6570 kg schweren Allradtraktor eine kleine Leistungssteigerung auf 93 PS und eine Servolenkung erleichterte dem Fahrer jetzt die Arbeit. Dafür mussten die landwirtschaftlichen Genossenschaften und sonstige Interessenten mit 50.000 DDR-Mark für den ZT 303 tief in die Tasche greifen. 1981 waren es dann gar 81.000 Mark. Dennoch gewann der Allradler im Laufe der Jahre deutlich an Marktanteilen und hatte den ZT 300 in den Produktionszahlen am Ende deutlich überholt.

ZT 304 und 305

Mit der Typenbezeichnung ZT 304 gab es weiterhin einen Transporttraktor, der ausschließlich als Straßenzugmaschine eingesetzt wurde, und gerade in den LPG den Mangel an Lastkraftwagen kompensieren sollte. Der ZT 304 war nichts weiter als eine abgespeckte Version des ZT 300, da für seinen Zweck weder Dreipunktanbau, noch Zapfwelle oder Unterlast-Schaltstufe erforderlich waren.

Schließlich war da auch noch der Hangtraktor ZT 305 mit seinen markanten Zwillingsrädern

Wegen den stets knappen Transportkapazitäten in der DDR sollte der einfacher ausgestattete ZT 304 solche Aufgaben auf kurzen Distanzen übernehmen.

Der ZT 305 war der aus dem Allradtraktor heraus entwickelte Spezialist für steile Hanglagen. Er wurde ab 1981 gebaut.

Ohne Zwillingsräder, aber mit noch einmal vergrößerten Reifen war am Ende der ZT 305-A im Einsatz.

Deutsche Einheit auf grüner Wiese: ZT 300 mit Claas Liner 1550 im Jahre 2001.

auf der Hinterachse und der kräftigen Bereifung 16-20 MPT (vorn) und 18,4-34 AS (hinten). Dazu kamen eine luftdruckgebremste Vorderachse und verstärkte Doppelgelenkwellen für die Vorderräder. Front-Ballastmassen waren serienmäßig. Einsätze in extremen Hanglagen mit 30 bis 45 % Neigung waren möglich. Für die DDR nicht ganz unwichtig, lagen doch etwa 135 000 ha Grünland an solchen Hängen in den Mittelgebirgen.

1978 wurde die Motorleistung für beide Traktoren auf 100 PS angehoben, wobei gleichzeitig die Drehzahl auf 1800 Touren gesenkt werden konnte. Man hatte die Fördermenge der Einspritzpumpe und den effektiven Mitteldruck des Motors erhöht.

In den folgenden Jahren konnte durch Einführung eines Zugkraftverstärkers die Zugkraft noch einmal deutlich gesteigert werden und weitere Hydraulikfunktionen machten den Traktor noch flexibler.

Dennoch war er schon nach wenigen Jahren aus der internationalen Konkurrenz ausgeschieden. Ein zu grober Klotz mit zu feinen Schuhen und zu schwachem Herzen. Aber der Nachfolger ließ ja nicht so lange, wie es in der DDR sonst üblich war, auf sich warten.

Die Nachfolger ZT 320 und 323

Schon Mitte der 1970er Jahre hatte es mit den Entwicklungen ZT 310 und ZT 313 erste Versuche für einen Nachfolger des ZT 300 und seiner Allradversion gegeben. Und als ab 1978 der verbesserte Motor für den ZT 300 bereitstand, mit dem übrigens auch der Kraftstoffverbrauch und die Schadstoffemissionen gesenkt werden konnten, begann man in Schönebeck erneut mit der Weiterentwicklung der ZT-Baureihe. Ziel war es, neben einem moderneren Gesamterscheinungsbild auch eine leistungsfähigere Kraftheberanlage, neue Bremsen und einen noch angenehmeren Arbeitsplatz für den Traktoristen zu schaffen.

1975 waren einige Versuchsfahrzeuge vom Typ ZT 310 (hinten) und ZT 313 auf Erprobungsfahrt. Über das Prototypenstadium kamen diese Fahrzeuge nicht hinaus.

Dazu sollte außerdem ein verbessertes Schaltgetriebe beitragen.

Für den Fahrzeugbau der DDR eher ungewöhnlich schnell, nämlich schon 1984 (Nullserienstart am 19. 12. 1983) konnten die neuen Traktoren mit den Typenbezeichnungen ZT 320 (Hinterradantrieb) und ZT 323 (Allrad) in die Serienproduktion überführt werden.

1984 kam mit der Baureihe ZT 320 (Vorderachs-Antrieb) und ZT 323 (Allradantrieb) eine neue Traktor-Generation auf die Äcker der DDR.

Während Fahr- und Triebwerk nur überarbeitet worden waren, glänzte die Karosserie im modernen Design. Das hatte der Traktor den meisten anderen Kraftfahrzeugen der DDR für immer voraus.

Grundsätzlich waren die Ingenieure beim Konstruktionsprinzip des ZT 300 geblieben und verwendeten auch viele Baugruppen und Teile wieder. Das Getriebe hatte eine weitere Schaltstufe erhalten, so dass mit den jeweils drei Vorwärts- und zwei Rückwärtsgängen insgesamt zwölf Fahrstufen vorwärts und acht rückwärts eingelegt werden konnten. Außerdem war das Lastschaltgetriebe günstiger abgestuft worden und erlaubte einen extrem breiten Geschwindigkeitsbereich von 1,4 km/h bis 31 km/h. Die Regelhydraulik war zwar mittels Zugkraftregelung und stufenloser Mischregelung erweitert worden, dennoch war die maximale Hubkraft von 3 t für einen Traktor dieser Größe nicht gerade überragend.

Die neuen Traktoren erhielten endlich auch größer bereifte Räder sowie eine servounterstützte hydraulische Bremsanlage. Die komfortable Fahrerkabine, schwingungs-, stoß- und geräuschisoliert auf Silentblöcken gelagert, war großzügig verglast und selbstverständlich sturzsicher. Das Kabinendach wies eine Zwangsentlüftungs-Anlage auf und eine recht komfortable Heizungsanlage sorgte für ein angenehmes Klima in der Kabine, in der der Geräuschpegel maximal auf damals akzeptable 85 dB ansteigen konnte. Der luftgefederte Fahrersitz war außerdem noch mit hydraulischen Stoßdämpfern ausgestattet. Das Lenkrad konnte in Neigung und Entfernung leicht dem Fahrer angepasst werden, der auch sonst alle Bedienungshebel ergonomisch angeordnet fand.

Der neue Traktor war für eine Anhängelast von 30 t zugelassen und konnte erstmals auch für Tieflader-Schwertransporte genutzt werden. Insgesamt gesehen war der große Schönebecker vielseitiger geworden. Die extrem niedrigen Geschwindigkeitsstufen ermöglichten Arbeiten unter Extrembedingungen, etwa beim Bodenfräsen oder beim Strohpressen mit großen Schwadmassen, für die es bisher aus DDR-Produktion keine Traktoren gab. Die neuen ZT´s konnten sich nun auch international durchaus wieder sehen lassen.

Der Arbeitsplatz im ZT 320 in einer für damalige Verhältnisse durchaus komfortablen Kabine.

Während ein neues Getriebe zum Einsatz kam, blieb der Motor gegenüber den letzten ZT 300-Baureihen unverändert. →

Mit Stückzahlen um 2000 pro Jahr hatte die Fertigung gegenüber dem ZT 300 deutlich nachgelassen. Für viele landwirtschaftliche Betriebe blieb der neue, vielseitige Traktor unerreichbar.

Die Allradversion dominierte die Schönebecker Montagebänder.

Für die Dritte Welt, die man gerne in die sozialistische integrieren wollte, gab es extra eine Tropenausführung und natürlich keine Wartezeiten bei der Auslieferung.

ZT 320 A und ZT 323 A

Dennoch blieb die Nachfrage eher gering. 1985, als die Typenbezeichnungen der Traktoren wegen der im Nachhinein eingeführten Zentralschmierung auf ZT 320 A und ZT 323 A wechselten, wurden nur noch etwa halb so viele Trecker (2185 Stück) in Schönebeck gefertigt als zehn Jahre zuvor. Im gleichen Zeitraum hatte sich aber die Zahl der pro Jahr gefertigten Feldhäcksler mit ca. 7000 Einheiten mehr als verdoppelt.

ZT 320 A und 323 A, ab 1985 mit Zentralschmierung. (Siehe auch nachfolgende Seite)

Sondervarianten auf ZT 320-Basis

Auf der Basis des ZT 320 entwickelten die Ingenieure auch ein so genanntes Zwei-Wege-Mehrzweckfahrzeug, das zusätzlich zu den normalen Rädern noch Schienenradreifen – mittels Kraftheber aktiviert – und sonstige reichsbahnspezifische Ausstattungsmerkmale aufwies. Diese Fahrzeuge konnten im Rangierdienst oder für Bahnreparaturtrupps eingesetzt werden.

Auch eine Hangvariante mit der Bezeichnung ZT 325 und den markanten, kräftigen Zwillingsrädern auf der Hinterachse (Distanzstücke zwischen den Rädern wie auch beim ZT 305) hatte es wieder gegeben.

1990 musste mit dem Ende der DDR auch die Traktorenfertigung in Schönebeck enden. Der so westlich aussehende Traktor hatte auf dem stark konzentrierten Weltmarkt keine Chance.

Nach der politischen Wende

1952 war aus dem ehemaligen Schachtbau der königlichen Saline Schönebeck, der seit 1945 in russischem Besitz geblieben war, der VEB Gerätebau Schönebeck und daraus wiederum ab 1955 der VEB Dieselmotorenwerk Schönebeck entstanden. Anfangs baute man hier unter anderem die 6-Zylinder-Motoren für den LKW H6 und den Omnibus H6B, ab 1958 die Triebwerke für den RS 09. Obwohl nach dem Ende des Geräteträgers keine direkte Zulieferung an das ortsansässige Traktorenwerk mehr erfolgte, schlossen sich die beiden größten Betriebe der Elbestadt 1985 zum »VEB Traktoren- und Dieselmotorenwerke Schönebeck« zusammen. Und zusammen gingen sie nach 1990 auch den Weg, den viele Kraftfahrzeughersteller der ehemaligen DDR antreten mussten: Zum 1. Mai 1990 gründete die Treuhand

Haupteingang zum vereinigten Traktoren- und Dieselmotorenwerk Schönebeck im Jahre 1988.

aus dem Großbetrieb heraus drei Kapitalgesellschaften. Die Dieselmotoren- und Gerätebau GmbH, ab 1. Januar 1993 privatisiert, versuchte sich weiter im Motorenbau, musste aber trotz durchaus intakter Fertigungsstätten und zukunftsträchtiger Entwicklungen im April 1995 mit noch 500 Mitarbeitern liquidiert werden.

Die Landtechnik Schönebeck GmbH, die die direkte Nachfolge des Traktoren- und Dieselmotorenwerkes antrat, startete mit 430 der ehemals 4675 Mitarbeiter in eine ungewisse Zukunft. Im Zuge der Privatisierung ging aus dieser Firma noch die Tochterfirma GS Fahrzeug- und Systemtechnik GmbH hervor. Man versuchte den Traktorenbau wieder salonfähig zu machen und baute Mitte der Neunzigerjahre auch tatsächlich zeitweise als Landtechnik Schlüter GmbH den Schlüter Euro-Trac 1400 LS zusammen. Mit dem LTS Systra 550 versuchten die Schönebecker mehr oder weniger erfolgreich im System-Schlepper-Segment Fuß zu fassen. Durch einen Lizenzvertrag mit der Mercedes Benz AG erfolgte ab 1997 die Fertigung des LTS LT-Trac 160.

1999, nach einer sogenannten »Zweitprivatisierung«, wurden die Geschäftsaktivitäten weiter zersplittert und zuletzt versuchten sich noch etwa 260 Mitarbeiter an den Nachfolgern des MB-Trac.

Ein ZT 323 im Mai 2024 auf einem Feldweg in der Heimat des Autors.

Rad- und Kettenschlepper aus Brandenburg

(Foto: Ralf Weinreich)

Der Standort Brandenburg

Nach der Gründung des Deutschen Kaiserreiches 1871 erlebte Brandenburg an der Havel eine regelrechte Industrierevolution, in der es sich vom verschlafenen Textilarbeiter-Städtchen zur Industrie-Metropole mauserte. Einen nicht unerheblichen Anteil daran hatten die Gebrüder Reichstein, die 1869 eine Kinderwagenfabrik am Neustädter Markt 23 gründeten. Dort wurde es schon bald zu eng und so erwarb man 1874 das Grundstück an der Schützenstraße 34. Nach wenigen Jahren fertigten etwa 300 Mitarbeiter täglich 100 Kinderwagen. Angrenzende Grundstücke wurden erworben und Mitte der 1880er Jahre war die Brandenburger Firma die größte Kinderwagenfabrik in Europa. Die Mitarbeiterzahl stieg schnell auf über 2000 und vor dem Ersten Weltkrieg verließen jährlich 300 000 Kinderwagen das Werk.

Kinderwagen und Fahrräder waren lange Zeit die Hauptprodukte der Brennabor-Werke in Brandenburg.

Fahrzeugbau bei »Brennabor«

Ab 1883 stieg man auch in den Fahrradbau ein. Zehn Jahre später erhielten die Zweiräder des Reichstein-Werkes den Markennamen »Brennabor« und zählten bald zu den besten Fahrrädern in Deutschland. Im Jahre 1900 konnten schon 40 000 Fahrräder die nun »Brennabor-Werke« genannte Fabrik verlassen. Mit der Einführung der Fließbandfertigung 1921 waren es im gleichen Jahr sogar 60 000 Stück. Mehr als 2 Millionen wurden es insgesamt bis 1945.

Selbstverständlich reizte es alle besseren Fahrrad-Fabrikanten dieser Zeit, auch motorgetriebene Zweiräder zu bauen. Und so begann auch in der Reichsteinschen Firma ab 1902 die Serienfertigung von Motorrädern. Konfektionsmotoren mit 3 – 5,5 PS von Fafnir aus Aachen dienten als Antriebseinheiten. 1912 stellte Brennabor diesen Fertigungszweig aber schon wieder ein, um der Automobilfertigung, die 1907 mit der dreirädrigen »Brennaborette« begonnen hatte, mehr Bedeutung zuzumessen. 1908 kam der erste vierrädrige Kleinwagen mit zwei Sitzplätzen und 8 PS heraus. Leistung und Platzangebot erhöhten sich in den folgenden Jahren und vor allem mit dem 28 PS starken Typ F 8 zählte seit 1911 auch Brennabor zu den namhaften deutschen Automobilherstellern. Der Ausstoß steigerte sich stetig – 1500 verkaufte Autos im Jahre 1914 waren damals eine stolze Zahl.

Speziell für den Automobilbau war 1910 ein großes Fabrikgebäude in der Kirchhofstraße eingerichtet worden. Rund 100 000 qm groß war inzwischen das gesamte Betriebsgelände, auf dem sich 1914 3000 Mitarbeiter tummelten.

Während des Ersten Weltkrieges mussten die Autos und Kinderwagen Granaten und Munitionskisten weichen; die Fahrradproduktion indessen konnte aufrechterhalten werden.

Die Automobilfertigung lief schon bald nach dem Krieg wieder an und vom 1919 lancierten 8/24-PS-Modell Typ P konnten jeden Monat über 100 Exemplare verkauft werden. Bis 1927 im Programm wurde der Brennabor P, den man ab 1923 auf Montagebahnen montierte, zum erfolgreichsten Automobil der Brandenburger. Als eine der ersten deutschen Automobilbau-Firmen führte Brennabor dann 1925 die Fließbandfertigung ein. Zu diesem Zeitpunkt verließen täglich schon 50 Automobile die Werkhallen. Darunter war seit 1921 auch der kleinere Typ S und später, ab März 1927, folgte ein großer Sechszylinder als Typ AL. Diesem wurden üblicherweise auch diverse Lieferwagen-Karosserien verpasst. Und der Sechszylinder erwies sich als stark genug, auf verstärkten Chassis auch richtige Lastwagen-Aufbauten fortzubewegen. So ließen sich 1,5- und 2-Tonner realisieren, die auf dem deutschen LKW-Markt aber keine große Rolle spielten.

Zum Ende der 1920er Jahre hin begann es in der mit 7500 Beschäftigten zeitweise zweitgrößten deutschen Automobilfabrik zu kriseln.

Die Öffnung des deutschen Marktes für ausländische Fahrzeuge ab Ende 1925 und die steigende Zahl inländischer Modelle verschärfte den Konkurrenzdruck im Automobilbau zusehends. Einige namhafte Hersteller verschwanden Ende der Zwanzigerjahre, andere suchten ihr Heil

Der Einstieg im Nutzfahrzeug-Bereich waren solche Lieferwagen für die Reichspost, 1929 auf PKW-Fahrgestelle aufgebaut.

Die Brennabor-Werke in Brandenburg Mitte der 1920er Jahre.

in Zusammenschlüssen. Brennabor aber blieb selbständig, war weiterhin im Besitz der Familie Reichstein und geriet mit großen Lagerbeständen in allen Sparten ab Anfang 1929 stark ins Trudeln. Mit neuen Modellen, innovativer Technik und modernsten Fertigungsmethoden versuchte man in Brandenburg gegenzusteuern. Die neuen großen Limousinen mit 6- und 8-Zylinder-Motor (»Juwel 6« und »Juwel 8«) waren zwar mit das Beste, was es in der gehobenen Klasse in Deutschland zu kaufen gab – mit dem Beginn der Weltwirtschaftskrise waren solche Fahrzeuge aber immer weniger gefragt. Schnell nachgeschobene Kleinwagen waren konstruktiv nicht ausgereift und mit etlichen Mängeln behaftet. Brennabor konnte diese Krise aus eigener Kraft nicht mehr bewältigen. Ende Januar 1932 fand das Vergleichsverfahren statt, aus dem sich am 29. April 1932, mit Unterstützung der Commerzbank und anderer Geldinstitute, die »Brennabor AG« gründete. Die Produktion von Fahrrädern, Kinderwagen und Automobilen konnte fortgeführt werden. Aber nachdem 1933/34 nur noch insgesamt 222 Brennabor-Wagen abgesetzt wurden, musste dieser Geschäftszweig unter enormen Verlusten schließlich doch aufgegeben werden. Erst die Einbeziehung ins Rüstungsprogramm der Nazis ab 1936 konnte die Kapazität der ehemaligen Automobil-Fertigungsstätten wenigstens zum Teil wieder auslasten.

Teile der zerstörten Brennabor-Werksanlagen nach dem Zweiten Weltkrieg.

Die Die Brennabor-Werke nach 1945

Ab 24. April 1945 wurde Brandenburg in den letzten Tagen des Zweiten Weltkrieges zum Schauplatz des Kampfes gegen die heranrückenden sowjetischen Truppen. Die Brennabor-Werke wurden bei den Kampfhandlungen erheblich beschädigt. Was noch ganz geblieben war, wurde kurz nach Kriegsende auf SMAD-Befehl Nr. 124/45 hin demontiert – glücklicherweise ohne nachträgliche weitere Zerstörung der Gebäude.

Wie überall, begann 1946 eine kleine Mannschaft mit Reparatur- und Instandsetzungsarbeiten.

Ab August 1948 begannen die Instandsetzungsarbeiten für des geplante Schlepperwerk.

Der Schlepperbau beginnt

1948 suchte die Brandenburgische Landesregierung nach einem Produktionsstandort für einen von Dr. Herbert Isendahl entwickelten Traktor mit Gasgenerator-Antrieb und wurde schließlich in den ehemaligen Brennabor-Werken fündig.

Mit Beschluss der Landesbehörden vom 28. Juli 1948 erhielt das Potsdamer Amt für Volkseigene Betriebe am 10. August desselben Jahres den Auftrag, im Brennabor-Werk eine Traktorenproduktion einzurichten. Dafür stand etwa die Hälfte der ehemaligen Werkanlagen zwischen der Kirchhof- und der Geschwister-Scholl-Straße zur Verfügung. Am 16. August 1948 begannen Aufräum- und Instandsetzungsarbeiten auf dem Gelände und schon einen Monat später sollte die Fertigung des Gasschleppers »Solidarität« beginnen. Da dieser

1949 begann die Aktivist-Montage im ehemaligen Brandenburger Brennabor-Werk.

Feldarbeiten mit einem RS 03/30 »Aktivist« im Jahre 1951.

sich aber vom Antriebskonzept her als noch nicht serientauglich erwies, schwenkte man auf eine Motorenkonstruktion von O & K, Babelsberg, um, setzte diese anstelle des Gasgenerators in das ansonsten unveränderte Fahrzeug und fertigte ab Mai 1949 den Radschlepper »Aktivist«. Der weitere Aufbau des Werkes ging zügig voran und Ende 1949 zählte das »Brandenburger Traktorenwerk« (BTW) schon wieder fast 1000 Mitarbeiter. Ab 1. Januar 1950 firmierte das Werk unter »Schlepperwerk Brandenburg« und gehörte mit gleichem Datum der IFA, Vereinigung Volkseigener Fahrzeugwerke, mit Sitz in Chemnitz an. Ab 1. April 1951 ging dieses ganze Gebilde dann in der von Berlin aus geleiteten Hauptverwaltung (HV) Fahrzeugbau im Ministerium für Maschinenbau auf.

Kettenschlepper aus Brandenburg

Zu dieser Zeit waren die Stunden des Aktivist schon gezählt. 1952 begann die Fertigung des früheren FAMO-Kettenschleppers »Rübezahl«, der in Schönebeck für eine Serienfertigung in Brandenburg vorbereitet worden war. Der Versuch, die Produktion der neuen Radschlepper RS 04/30 und RS 08/15 zu übernehmen, scheiterte zu Gunsten der Nordhäuser und Schönebecker Traktorenbauer.

Mit der Einbeziehung weiterer Betriebsteile der ehemaligen Brennabor-Werke entwickelte sich das Brandenburger Schlepperwerk in den Fünfzigerjahren zu einem der führenden Kettenfahrzeug-Produzenten im gesamten Ostblock.

Aus dem KS 07 (Rübezahl) entwickelte man mit einem neuen Kettenlaufwerk den KS 30.

Im Frühjahr 1954 wurde das Werk weiter vergrößert, unter anderem durch Einbeziehung der Vollzugsanstalt Göhren, wohin man die Laufketten-Fertigung verlagerte.

Im Herbst des gleichen Jahres erfolgte die erneute Umbenennung des Betriebes, wieder in »VEB Brandenburger Traktorenwerke, Brandenburg«, der mit der Abkürzung BTW und dem berühmten Stier im Mai 1955 auch ein neues Warenzeichen erhielt.

Die Absatzentwicklung verlief zunächst äußerst positiv, bis dann ein geplatzter Großauftrag aus China (200 Stück KS 30) für einen herben Rückschlag sorgte. Der Bau von Gabelstaplern und Anbau-Halbraupen für den Traktor Pionier sollte kurzfristig den Ausfall kompensieren und für die Auslastung des Betriebes sorgen. Außerdem war die schnelle Einführung des aus dem KS 07 abgeleiteten Überkopfladers (oder Planierraupe) KT 50 in die Serienproduktion wichtig. Das funktionierte auch, wenngleich die Tage der Kettenschlepper und Traktoren in Brandenburg bereits gezählt waren. Denn im März 1958 hatte die 1. Industriezweigkonferenz der Landwirtschaft mehrheitlich festgestellt, dass all-

Der Kettenschlepper KS 30 »Urtrak« auf schwerem Ackerboden in den 1960er Jahren.

Blick in die Getriebemontage für W 50-Getriebe.

radgetriebene Traktoren den Kettenschleppern überlegen seien. Als dann die Serienfertigung eines solchen Traktors (RTA 0511) in Brandenburg scheiterte, dafür die Getriebefertigung für den Famulus anlief, waren die Weichen praktisch schon gestellt.

Brandenburg wird Getriebeproduzent

Amtlich wurde es dann im Frühjahr 1962, als, wie bereits beschrieben, die VVB Landmaschinen- und Traktorenbau (seit 11. Februar 1958 waren aus den Industrieministerien wieder VVB´s geworden) eine Neustrukturierung des DDR-Traktorenbaus, mit Brandenburg als Getriebespezialisten, beschloss. In diesen Planungen waren auch schon das Auslaufen der Kettenschlepper-Fertigung für 1964 und das Ende der Brandenburger Planierraupen ein Jahr später vorgesehen. Noch im Juli 1962 brach das BTW alle Entwicklungen in Sachen Kettenfahrzeuge ab und stieg fast nahtlos in die Getriebekonstruktion ein. Und zwar für alle Getriebe im Bereich der DDR-Nutzfahrzeuge, denn im Sommer 1964 bestätigte der Volkswirtschaftsrat den Standort Brandenburg als künftigen Nutzfahrzeug-Getriebeproduzenten. Im Dezember 1964 verließ planmäßig der letzte KS 30 die alten Brennabor-Werkanlagen. Diese waren künftig nur noch Teilstandort des ab 1. Oktober 1965 unter »VEB IFA Getriebewerke Brandenburg« firmierenden Betriebes. Für eine moderne Großserienfertigung wurden für insgesamt knapp 130 Millionen Mark (MDN) neue Produktionsanlagen unter Einbeziehung der ehemaligen Arado-Flugzeugwerke geschaffen. Gut 3000 Beschäftigte fanden für die kommenden Jahrzehnte im GWB Arbeit, 600 waren es noch, als die ZF AG, Friedrichshafen, im Laufe des Jahres 1991 den einstigen Kinderwagen- und jetzigen Getriebespezialisten übernahm.

RS 03/30 »Aktivist«

Diesel war in den frühen Nachkriegsjahren auf dem Lande so reichlich vorhanden, wie Kartoffeln in der Großstadt – nämlich so gut wie gar nicht. Deshalb erhielt der Technische Leiter der »WISCO« Fahrzeug-Gasgeneratoren KG in Beeskow/Mark, Dr. Herbert Isendahl, von der Landesregierung in Brandenburg den Auftrag, einen Schlepper mit Generatorgasmotor zu entwickeln. Im Sommer 1948 fuhr ein erstes Funktionsmuster zu Testzwecken auf dem Werksgelände herum. Am 4. August begutachtete eine Kommission, der Mitglieder der Landesregierung, des Amtes für Volkseigene Betriebe und der Deutschen Wirtschaftskommission angehörten, den Traktor und befand ihn insgesamt für eine gelungene Konstruktion. Die schlechte Sicht des Fahrers nach vorn, hervorgerufen durch das hochbauende Gasaggregat, sollte durch eine seitliche Verlegung des Fahrersitzes behoben werden.

Der Aktivist erlebte schon 1951 sein letztes volles Produktionsjahr. Zwar war er mit seinen 30 PS ausreichend motorisiert, konnte die Kraft aber durch den extrem kurzen Radstand und die schlechte Lastverteilung in vielen Situationen nicht umsetzen.

Wie bereits beschrieben, wurde das ehemalige Brennabor-Werk mit dem Bau des Schleppers beauftragt. Dort war man mit dem Test des immer noch nur in einem Exemplar existierenden Gasgenerator-Schleppers nicht so sehr zufrieden. Die Fertigung, die schon für das zweite Halbjahr 1948 monatlich 100 Fahrzeuge mit der Bezeichnung »Solidarität« vorsah, musste verschoben werden. Schnell kam die Idee auf, einen bei Orenstein & Koppel in Babelsberg vor dem Krieg entworfenen und jetzt fertig entwickelten Dieselmotor anstelle des Generatorgasmotors einzusetzen. Dieser 2-Zylinder-V-Motor war durchaus eine interessante Konstruktion. Der Diesel-Viertakter arbei-

Basiskonstruktion für den RS 03/30 war der nicht in Serie gegangene Gasschlepper »Solidarität«

Die erste Ausführung des RS 03/30 »Aktivist«, erkennbar an der weit vor die Kühlermaske gezogene Vorderachse.

tete in einer Kombination von Luftspeicher- und Direkteinspritzung und musste von Hand, unter Verwendung von Glimmlunten und einer Dekompressionsvorrichtung angelassen werden. Einmal laufend, holte er aus 3325 ccm Hubraum bei 1500 U/min 30 PS.

Vom »Solidarität« zum »Aktivist«
Bei den ab November 1948 einsetzenden Konstruktionsarbeiten zur Implantierung des neuen Motors in die Basis-Konstruktion des »Solidarität« wurde das Triebwerk vorn am viergängigen Zahnrad-Schaltgetriebe angeflanscht. Das ganze Fahrzeug mit schließlich recht skurrilem Aussehen war wiederum in Blockbauweise ausgeführt.

Mit wenig Gemütlichkeit wartete der Führerstand des RS 03 auf.

Mit viel Mühe gelang es, bis zur Frühjahrsmesse 1949 ein Musterexemplar des neuen, angeblich auf Belegschaftswunsch »Aktivist« getauften Schleppers auf die Räder zu stellen. Er wog rund zwei Tonnen und konnte 3,9 bis 17,8 km/h

Das skurrile Erscheinungsbild und den ultrakurzen, problematischen Radstand versuchte man später durch eine nach vorn verlängerte Motorhaube und vorverlagertem Kühler etwas zu entschärfen.

Liebevoll gehegter und gepflegter »Aktivist« der ersten Bauform. (Foto: Derbrauni © Wikimedia Commons)

»schnell« sein. Serienmäßig war an der Rückseite des Getriebes eine Zapfwelle angeordnet.

Nach einer kleinen Nullserie von 10 Fahrzeugen im Mai konnte im Juni zur Serienmontage übergegangen werden. 200 Schlepper sollten laut Zweijahresplan noch 1949 gebaut werden – und trotz der extremen Mangelsituation konnten sogar 320 Stück übergeben werden. Allerdings war hier die Quantität eindeutig zu Lasten der Qualität gegangen. Der RS 03/30, wie der Aktivist in der IFA-Typologie hieß, bot den MAS sehr häufig Grund zu Beschwerden wegen technischer Defekte. Lenkungsausfälle (für die ersten 830 Aktivisten waren Lenkungsteile noch aus den Westzonen »besorgt« worden, mit denen es keine Probleme gab), defekte Luftfilter und Einspritzpumpen sowie Differentialschäden waren die Hauptprobleme. Dazu kam die ungünstige Lastverteilung des Schleppers, die hauptsächlich aus dem kurzen Motorvorbau (querliegende Kurbelwelle bei längseingebautem Motor) resultierte. Es nützte hier nur bedingt etwas, Zusatzgewichte auf die Vorderachse zu laden. In einer überarbeiteten Version für 1951 erschien der Aktivist mit einem verlängerten Vorbau, der nun genau über der Vorderachse abschloss. Eine Fahrerkabine sollte außerdem zum besseren Wohlbefinden der Traktoristen beitragen.

Das nützte aber alles wenig. Das Landwirtschaftsministerium forderte 1951 von der Hauptverwaltung Fahrzeugbau die kurzfristige Ablösung des RS 03/30. So kam nach dem schnellen Aus für die Brockenhexe auch für den Aktivist nach nur zwei vollen Produktionsjahren das vorzeitige Ende. Mit 1910 Einheiten hatte er 1951 sein stärkstes Jahr erlebt, im Folgejahr lief die Fertigung mit nur noch 301 Exemplaren aus.

KS 07/62 »Rübezahl

Für die ehemaligen FAMO-Ingenieure stand außer Frage, dass sie versuchen würden, die Tradition im Raupenschlepperbau auch nach dem Zweiten Weltkrieg fortzusetzen. So entstanden zunächst

Die letzten FAMO-Raupenschlepper der Vorkriegszeit waren dann nahezu unverändert die ersten Kettenschlepper der DDR.

einige Kettenfahrzeuge des FAMO-Modells »Rübezahl« aus vorhandenen Restbeständen. Indes beendete man 1949/50 auf den Reißbrettern eine Konstruktion aus Kriegstagen, bei der es sich mehr um einen kettengetriebenen Lastwagen, denn um einen Schlepper handelte. Als Typ KS 05 entstanden einige Versuchsfahrzeuge im Auftrag der kasernierten Volkspolizei. Ein interessantes Konstruktionsmerkmal dieses Fahrzeugs waren die einzeln aufgehängten Kettenräder, die es dann auch am KS 06 (KS stand für Kettenschlepper, die 06 war die sechste Entwicklung unter IFA-Regie) gab, einem sehr modernen Schlepper, der eigentlich als erster neuer Kettenschlepper der DDR vorgesehen war, aber so früh noch nicht in eine Serienproduktion überführt werden konnte. Von ihm wird noch die Rede sein.

Die Kettenschlepper kommen nach Brandenburg

Die HV Fahrzeugbau beauftragte indessen das Schönebecker Traktorenwerk, die Rübezahl-Konstruktion für eine Serienfertigung in der DDR vorzubereiten. Im Dezember 1951 teilte dasselbe Gremium wiederum dem Brandenburger Traktorenwerk mit, dass der Kettenschlepper Rübezahl künftig als dessen Hauptprodukt anzusehen sei. 675 Stück sollten es noch 1952 werden; 390 konnten schließlich tatsächlich in diesem ersten Jahr gebaut werden.

Als man sich in Schönebeck diesen Kettenschlepper wieder zur Brust nahm, beließ man es grundsätzlich bei der Vorkriegstechnik, modernisierte lediglich geringfügig die Motorverkleidung und das Führerhaus. Das Fahrzeug bekam damit ein durchaus eigenständiges Aussehen.

Wie die ersten Pioniere hatte auch der FAMO-Kettenschlepper einen 4-Zylinder-Viertakt-Dieselmotor, der nach dem Wälzkammerverfahren arbeitete und mit einer Benzinanlassvorrichtung ausgestattet war. In der Praxis bedeutete das, mit einem großen Schlüssel und viel Kraft wurde mittels Umschaltventilen auf Vergaser(Benzin)-Betrieb mit Zündkerzen geschaltet, danach der Motor angedreht, und wenn er rund lief wieder auf Dieselbetrieb umgestellt. Da dieses Verfahren recht aufwendig war, ließ man das Fahrzeug meist den ganzen lieben, langen Arbeitstag laufen. Dabei schaffte der Motor bei 1150 U/min 60 PS, die er aus 8590 ccm Hubraum holte. Der Motor mit der noch von FAMO her gültigen Bezeichnung 4 F 175 B 3 wog satte 860 kg. Eine trockene Einscheiben-Reibungskupplung sorgte für den Kraftschluss zum Viergang-Getriebe (+ 1 Rückwärtsgang), das maximal 9 km/h zuließ. Mittels eines Triebrades (12 Zähne) wurde die Motorkraft auf das Kastenlaufwerk übertragen, das aus insgesamt zehn Laufrollen und den umlaufenden Ketten mit je 39 Gliedern bestand. Erwähnenswert in punkto Technik wäre noch die Doppeldifferential-Lenkbremse (System Cletrac); letztendlich handelte es sich hierbei um Bandbremsen, die den Laufketten unterschiedliche Geschwindigkeiten gaben. Diese Art der Lenkung wurde bei allen folgenden Brandenburger Kettenfahrzeugen beibehalten. Zu den Laufrollenkästen bliebe noch anzufügen, dass sie unabhängig voneinander agierten und doppelt abgefedert waren.

Die von den Konstrukteuren erhoffte Leistung von 62 PS brachte dem Schlepper die Bezeichnung KS 07/62 ein; die alte Zusatzbezeichnung »Rübezahl« blieb, zumindest inoffiziell, noch einige Jahre in Gebrauch. Da tatsächlich nur eine Dauerleistung von 60 PS erreicht wurde, tauchte hier und da auch die Typenbezeichnung KS 07/60 auf. Selbst »KS 62« oder »KS 60« waren gängige Kürzel für das Kettenfahrzeug.

Im Sommer 1952 konnten die ersten Fahrzeuge, deren Spezialität die schweren Arbeiten in der

In Brandenburg ließ man ab 1952 die Ära der Kettenschlepper wieder aufleben. Der KS 07 mit zunächst angegebenen 62 PS (deshalb KS 07/62) machte dabei den Anfang.

Land- und Forstwirtschaft waren, ausgeliefert werden. Der relativ geringe Bodendruck und die hohe Zugkraft machten den KS 07 besonders für das mehrscharige Tiefpflügen auf großen Flächen, für das Umbrechen von Wiesen und für Kultivierungsarbeiten in Mooren geeignet.

Mit Zusatzausrüstungen wie Zapfwellen- und Riemenscheibenantrieb und dem Anbau einer Spillwinde konnte er auch bei der Ernte, zum Ziehen von Mähdreschern oder dem Antrieb von Dreschmaschinen Verwendung finden.

Die FAMO-Entwicklung war mit einigen Änderungen in Schönebeck für eine erneute Serienproduktion im Brandenburger Traktorenwerk vorbereitet worden.

Später erschien der KS 07 mit überarbeitetem Fahrerhaus und Elektrostarter. Die Ausführungen mit der alten Motorabdeckung und freiem Kühler sind heute selten.

Auch als Planierraupe war der KS 07 bestens geeignet. Mit Einführung des Nachfolgemodells KS 30 im Jahre 1956 erhielten beide Fahrzeuge in der Parallel-Fertigung die Zusatzbezeichnung »Urtrak«. ←

Die Planierraupe

Im Mai 1953 wurde erstmals ein KS 07 auch mit Planierschild ausgeliefert. Der Auftrag eines sowjetischen Baustabes wurde mehr oder weniger von Hand geschnitzt, da es in der DDR noch keine geeigneten Zulieferteile gab. Eine erste Kleinserie von acht Fahrzeugen (Typenbezeichnung KS 07 Pl) konnte im Februar 1954 fertig gestellt werden. Auch für die Planier-Anbauten hatte man auf FAMO-Konstruktionen zurückgegriffen; dort hatte es den Rübezahl ebenfalls als Planierraupe gegeben. Die Planiereinrichtung, die sich auf der starren Hinterachse abstützte, bestand aus dem Planierschild und dessen Führungsarmen. Zur Steuerung des Schildes beim Heben und Senken diente eine vom Fahrersitz aus zu bedienende, am Getriebe angeflanschte Hydraulik. Das Planierschild hatte ein Fassungsvermögen von einer Tonne. Die größte Hubhöhe über der Fahrebene betrug 300 mm und die Einsatztiefe unter der Fahrebene 40 mm. Die Zusatzbedienhebel ließen im Fahrerhaus nur noch einen Sitzplatz zu, während im normalen KS 07 zwei Personen Platz fanden.

Das Schaltgetriebe der Planierraupe war etwas anders abgestimmt und wies nur drei Vorwärtsgänge und den Rückwärtsgang auf.

Während die Schlepper-Ausführung des KS 07 im Verlaufe des Jahres 1956 auslief und vom Nachfolger KS 30 ersetzt wurde, baute man einige Exemplare der Planierraupe noch bis Ende 1957, ehe auch hier eine Folgekonstruktion (KT 50) anlief. Für den Tage-, sowie Straßen- und Tiefbau war das Fahrzeug inzwischen unersetzlich geworden. Ein nicht unerheblicher Anteil der Produktion ging auch in den Export. Insgesamt 828 KS 07 Pl verließen das Brandenburger Traktorenwerk.

Der Kettenschlepper KS 07 mit einem Wurzelrechen, wie er z. B. zur Gewinnung von Ackerland in Brasilien eingesetzt wurde.

Der KS 07 wird überarbeitet

Das inzwischen in die Jahre gekommene Kastenlaufwerk, das zwar gut für die Planierraupe, aber zu starr für die Bodenbearbeitung war, der kompliziert zu startende Motor sowie das hausbackene Design des alten Rübezahl schrien förmlich nach einem Nachfolger für die nun schon 20 Jahre alte Konstruktion. Ende 1953 begann man in der Konstruktionsabteilung des BTW mit der Abarbeitung eines 52-Punkte-Programms, an dessen Ende ein neuer Kettenschlepper stehen sollte. Es führte zunächst einmal dazu, dass ab Sommer 1955 der KS 07 mit einigen Veränderungen aus den Werkhallen schepperte. Diese waren vor allem äußerlich schnell erkennbar: Die Kabine behielt zwar ihren bisherigen Grundaufbau, bekam aber ein abnehmbares Wetterdach. Die Motorhaube, die bisher nur den Motor von oben abdeckte, wurde an der linken Fahrzeugseite verlängert und als Seitenteil klappbar gemacht. Die Kühlerverkleidung erhielt eine rundere, gefälligere Form und diente nun nicht mehr zugleich der Aufnahme des Kühlers.

Ab Herbst 1955 kam mit Fabrik-Nr. (entsprach Fahrgestell-Nr.) 8648 ein deutlich verbessertes

Triebwerk zum Einsatz. Der überarbeitete Motor (Typ 4 F 175 D1) war nun ein reiner Dieselmotor, der von einem 6-PS-Anlasser gestartet wurde. Entsprechend musste die elektrische Anlage geändert und mit starken Batterien (2 x 12 V, 135 Ah) versehen werden. Neben einer ganzen Reihe

Heute würde man es »Facelifting« nennen: Ende 1955 setzten die Brandenburger Traktorenbauer ihrem KS 07 eine neue Kühlerverkleidung zu dem neuen Fahrerhaus auf.

Der KS 07/62 ist ähnlich dem Pionier heute eine Legende und ein seltener Gast auf den Treffen alter Landtechnik.

von Baugruppen-Änderungen des Motors ist der Doppelkeilriemenantrieb im Dreieckverfahren anstelle zweier getrennter Keilriemen für den Antrieb von Wasserpumpe und Lichtmaschine erwähnenswert. Dazu kamen noch die leistungsstärkere Einspritzpumpe und die deutlich besseren Einspritzdüsen.

Das Verdichtungsverhältnis von jetzt 1:19 (vorher 1:17) ließ die Dauerleistung auf 63 PS steigen. Offiziell blieb man bei der Angabe von 60 PS.

So umgestaltet, blieb der KS 07 als reiner Schlepper noch ein gutes halbes Jahr im Programm. Am 24. Mai 1956 verließ schließlich der letzte Kettenschlepper mit Kastenlaufwerk das Montageband in Brandenburg. Wie bereits erwähnt, lebte er mit Planierschild als KS 07 Pl noch eine Zeit lang weiter.

KS 30 »Urtrak«

In dem bereits erwähnten 52-Punkte-Programm, das zunächst zu den beschriebenen Veränderungen des KS 07 beitrug, waren alle konstruktiven Maßnahmen enthalten, die einen Nachfolger zum Ziel hatten und schließlich zum KS 30 führten. Im Juni 1956 konnte die Serienfertigung des zusätzlich noch »Urtrak« genannten Kettenschleppers begonnen und mit 140 Einheiten auch gleich ein Monatsrekord aufgestellt werden. Insgesamt neun Versuchsfahrzeuge waren bereits im zweiten Halbjahr 1955 entstanden.

Von der letzten Ausführung des KS 07 unterschied sich der KS 30 nur noch durch das neue und völlig veränderte Fahrwerk. Schon seit den ab Anfang der 1950er Jahre viel herumgezeigten und in verschiedenen Versionen gebauten Prototypen KS 06 war das Ziel für die Entwickler von

Mit seinem Pendelrollen-Laufwerk war der KS 30 wesentlich besser für die Feldarbeit geeignet als sein Vorgänger. Die Werbung versuchte dies herauszustreichen.

Kettenschleppern in der DDR ein Pendelrollenlaufwerk mit gefederten Pendelblöcken anstelle des bisher üblichen Laufrollenkastensystems. Dies konnte nun am KS 30 verwirklicht werden. Dazu schafften es die Techniker, trotz der konventionellen Blockbauweise des Schleppers, Blattfederpakete in das Fahrwerk zu integrieren, die der Legende nach als unzerstörbar galten.

Dieses Fahrwerk gab dem Urtrak selbst auf unebenstem Gelände einen hervorragenden Bodenschluss und er kam auch noch auf schwersten Böden zurecht. Dazu trug auch der von 0,520 kp/

Viele KS 30 »Urtrak« wurden in dieser Ausführung mit Sonnendach nach China geliefert. ←

qcm auf 0,430 kp/qcm verringerte Bodendruck durch Verwendung einer neuen Kette bei. Diese im Profil verbesserte und dadurch griffigere Stahllaufkette mit jetzt 41 Gliedern (auf nur noch acht Laufrollen, statt bisher zehn) trug wesentlich dazu bei, dass die Zughakenkraft gegenüber dem KS 07, je nach Getriebegang, um 15 bis 53 % gesteigert werden konnte. Die Laufrollen kamen übrigens seit 1953 aus dem Framo/Barkas-Werk in Hainichen.

Der Vierzylinder-Dieselmotor hatte schon Anfang 1956 eine neue Luftfilteranlage und damit die Bezeichnung 4 F 175 D 2 bekommen.

643 der knapp über 1000 gebauten KS 30 wurden nach China exportiert. Insgesamt waren es 1832 Kettenschlepper, die bis 1956 in das Reich der Mitte geliefert werden konnten. Das waren 91 % des gesamten Exports. Als die Chinesen aber plötzlich kein Interesse mehr zeigten und ein sicher geglaubter Auftrag zurückgezogen wurde, kam der Export nach 1957 fast völlig zum Erliegen. Ein Desaster für die Brandenburger, die gezwungenermaßen die Produktion herunterfahren und 1958 den Minusrekord von 154 gebauten KS 30 – dem Hauptprodukt eines Werkes mit 2800 Mitarbeitern! – verzeichnen mussten. Ein leitender Angestellter des BTW brachte die Exportprobleme nach einer Dienstreise in den Nahen Osten wie folgt auf den Punkt: »Der Kunde wird stets dort kaufen, wo er am besten und billigsten bedient wird. Das kann man von uns z. Z. noch nicht sagen. Im Ausland kommen die Traktoren teilweise mit erheblichen Transportschäden an. Kann man da einem Kunden böse sein, wenn er sagt: ›ich kaufe lieber bei anderen Firmen, da werde ich besser bedient‹. Ich denke, man müsste bei uns in der DDR endlich dazu übergehen, Geräte und Maschinen im Ausland in einem fahrfertigen und einwandfreien Zustand zu übergeben und die Kunden mit der Maschine vertraut machen.«

Neben dem Firmensignet mit dem Stier prägte sich der neue Werbename »Urtrak« für die Kettenschlepper aus Brandenburg schnell ein.

Die technischen Probleme waren auch im Inland unübersehbar. Neun BTW-Brigaden waren wochenlang in der DDR unterwegs, um nachzurüsten und nachzubessern. Deshalb erteilte das Deutsche Amt für Material- und Warenprüfung auch erst Ende 1957 – und auch dann nur vorläufig – sein Gütezeichen.

1964 wurden die letzten 215 KS 30 gebaut. Verändert hatte sich in den Jahren wenig. Ab Baujahr 1959 ersetzte eine Zweischeibenkupplung die Einscheiben-Reibungskupplung. Ab Fabrik-Nr. 12227 wurde die Spaltfilter-Bauart des Ölfilters von einem Feinfilter mit Spalt- und Magnetfilter abgelöst. Die Motorbezeichnung änderte sich noch einmal in 4 F 175 D 3.

Der Kettentraktor KT 50

So praktisch der KS 30 für die Bodenbearbeitung war – ein Planierschild konnte an dem Kettenschlepper nicht montiert werden. Für solche Zwecke war im Übrigen das althergebrachte Kastenlaufwerk gerade gut genug. Also musste, da die Planierraupen inzwischen unentbehrlich geworden waren, nach dem Auslaufen des KS 07 ein Nachfolger her. Dies war, zumindest was das Basisfahrzeug betraf, wieder der KS 07, in der

Da sich das Kastenlaufwerk besser für diverse Zwecke in der Bau- und Forstwirtschaft eignete, baute man den KS 07 mit einigen Änderungen kurzerhand als KT 50 weiter. Hier mit der Zusatzbezeichnung Pl für das Planierschild.

letzten technisch wie optisch verbesserten Version, wie sie ab Sommer 1955 eingeführt worden war. Der Motor hatte zwar jetzt die Bezeichnung 4 F 175 D 5 erhalten, war aber in allen wesentlichen Punkten zur letzten Ausführung des KS 07 Pl unverändert geblieben.

Neu waren die Planier- und anderen Aufbauten, die jetzt, deutlicher als beim Vorgänger, Teil des Gesamtfahrzeuges waren und deshalb auch zu der neuen Typenbezeichnung KT 50 führten. KT stand hierbei für Kettentraktor.

Planierraupe und Überkopflader

Seit dem Frühjahr 1956 arbeiteten die Brandenburger Entwickler mit der Firma Hunger in Frankenberg an neuen Anbaumöglichkeiten für den KS 07. Hunger war eine namhafte Firma im Bereich Fahrzeughydraulik und erste Adresse als Lieferant von LKW-Kippaufbauten und Kippanhängern. Das bis 1958 rein privat geführte Unternehmen wurde nach der Flucht Hungers in den Westen im selben Jahr zunächst treuhänderisch verwaltet, später dann als »VEB Fahrzeughydraulik Frankenberg« voll verstaatlicht.

Als KT 50 Uk war der Kettentraktor zum Überkopflader geworden.

Jugend und
TECHNIK

Die Firma Hunger übernahm die Entwicklung einer neuen Planiereinrichtung und ab 1957 auch die einer Beladeeinrichtung für einen Überkopflader. Beides natürlich vom Fahrersitz aus hydraulisch zu betätigen.

Das BTW stimmte ein Grundfahrzeug für Planierraupe und Überkopflader ab. Vom Herbst 1958 an konnte es endlich auch serienmäßig gebaut und zur Komplettierung mit Planier- oder Beladeeinrichtung nach Frankenberg geschickt werden. Der Vertrieb des schließlich kompletten Fahrzeuges erfolgte durch das Brandenburger Traktorenwerk.

Während die technischen Parameter des Basisfahrzeuges gegenüber dem letzten KS 07 nahezu unverändert blieben (lediglich 40 statt 39 Kettenglieder), war die Planiereinrichtung überhaupt nicht mehr mit der alten FAMO-Konstruktion, die man für den KS 07 übernommen hatte, zu vergleichen. Die Planier-, wie die Überkopfladeeinrichtung waren jetzt in Schweißausführung hergestellt. Die Pumpe für die Hochdruck-Hydraulik besaß sechs Arbeitszylinder, die in Graugussgehäusen steckten. Das Ganze war so arrangiert, dass verschiedene Gerätekombinationen möglich waren. Meistens waren dies die besagte Planiereinrichtung mit Schwenkschild (anstelle des Schwenkschildes konnte unter anderem auch ein Baumstubben-Roder montiert werden) und die Ladeeinrichtung als Front- oder Überkopflader.

Mit dem KT 50 kam endlich neuer Schwung ins Exportgeschäft der Brandenburger. Allerdings gab es wieder nur einen Hauptabnehmer, diesmal in Brasilien sitzend. Nahezu 1000 Fahrzeuge mit Planierschild oder Rodeeinrichtung rückten dort Ende der 1950er, Anfang der 1960er Jahre gegen den tropischen Regenwald an.

Hydraulikkolben zum Anfassen: Die Hubanbauten kamen komplett von der Firma Hunger aus Frankenberg und wurden auch dort an den KT 50 montiert. ←

Das Ende in Brandenburg

Bis März 1966 lieferte der Außenhandel der DDR die letzten Fahrzeuge, die noch aus der Jahresproduktion von 1965 (250 Stück) stammten, aus. Danach war Schluss! Die Würfel, die das Aus der Brandenburger als Schlepper-Produzenten besiegelten, waren längst gefallen. An eine Nachfolge des KT 50 war nur ansatzweise gedacht worden. Eine völlige Neukonstruktion, weg von der Blockbauweise, hin zu einem modernen Halbrahmen-Konzept wäre nötig gewesen. Das alte Bauprinzip, das ja immer noch aus den 1930er Jahren stammte, hatte die Kinematik der KT 50-Anbauten aufwendig und kompliziert gemacht. International war man da längst nicht mehr konkurrenzfähig.

Bei den sogenannten Baumaschinentreffen – also wenn die großen Jungs in den noch größeren Sandkisten die Zeit vergessen, sind Planierraupen ein begehrtes «Spielzeug«. Allerdings sollte man den beachtlichen Wartungsaufwand dieser Maschinen nicht außer Acht lassen. (Foto: Ralf Weinreich)

Klein- und Nebenserien

(Foto: Ralf Weinreich)

Versuche mit Gleisbandfahrwerken

Die Anfang der 1950er Jahre begonnenen und zehn Jahre später an weiteren Prototypen fortgesetzten Versuche mit Gleisbandkettenfahrwerken waren bei einigen Verantwortlichen aus dem Bereich Landtechnik nachhaltig in Erinnerung geblieben. Tatsächlich war die Verdichtung von Ackerböden durch schwere Technik in verschiedenen Gegenden der DDR zu einem ernsten Problem geworden, das durch den Einsatz bodenschonender Fahrwerke ja vielleicht entschärft werden konnte. 1982 bildete sich deshalb eine »interministerielle« Arbeitsgruppe »Gleisbandfahrwerke«. Ihr gehörten Mitglieder aus den Ministerien Land-, Forst- und Nahrungsgüterwirtschaft, Allgemeiner Maschinen-, Landmaschinen- und Fahrzeugbau sowie Chemie, der Akademie der Landwirtschaftswissenschaften der DDR, der Zentralen Prüfstelle für Landtechnik Potsdam-Bornim und der Kombinate Landtechnik Magdeburg und Cottbus an.

Schon im folgenden Jahr entstand in Potsdam-Bornim unter Federführung der Schönebecker Forschungsingenieure ein erstes Funktionsmuster auf der Basis des aktuellen Traktors mit der Bezeichnung ZT 300-GB. Dabei waren Fahrwerk mit Hinterachse, Lenkung, Dreipunktanbau und Zapfwelle, Fahrerhaus und Bremsanlage völlig umgearbeitet worden. Fünf verschiedene Gummigleisbänder, alle 650 mm breit, kamen in den folgenden Jahren zum Einsatz, wobei erst das letzte, das so genannte »Universalprofil« aus dem Gummiwerk Ballenstedt, das erst ab Januar 1987 zur Verfügung stand, am meisten überzeugte.

Nachdem Ende 1983 noch ein zweites Funktionsmuster in Potsdam-Bornim in Angriff genommen wurde, montierte der Kreisbetrieb für Landtechnik (KfL) in Zerbst, der als Finalproduzent festgelegt worden war, bis Ende 1984 18 weitere Fahrzeuge. Diese wurden im Jahr darauf ausgiebig getestet und an Betriebe in den mittleren und nördlichen Bezirken der DDR abgegeben. In den folgenden Jahren bis 1988 wurden in Zerbst noch weitere 45 ZT 300-GB montiert, so dass es dann insgesamt 65 Fahrzeuge waren.

In einem Gutachten der Zentralen Prüfstelle für Landtechnik vom Februar 1987 wurde der

Immer wieder hatte es in der DDR Versuche mit Gleisband-Fahrwerken gegeben. Durchaus erfolgversprechend war die Variante für den ZT 300, hier ein Fahrzeug von 1984.

Mit dem ZT 320 GB endeten endgültig alle Versuche, einen Gleisband-Traktor in der DDR zu etablieren.

Einsatz der Gleisband-Traktoren ausdrücklich empfohlen. Man wies auch darauf hin, dass eine angepeilte Jahresstückzahl von 50 ZT 300-GB nicht mehr im »Rationalisierungsmittelbau« eines KfL realisiert werden kann, sondern als ein Hauptprodukt des Fortschritt-Kombinates industriell zu fertigen ist.

Die Industrie winkte aber schnell und heftig ab; nirgends waren Kapazitäten frei. Das Projekt wurde zunächst aufgegeben und sollte erst nach 1990 fortgeführt werden. Dann natürlich als ZT 320-GB, von dem in Potsdam-Bornim inzwischen ein erstes Funktionsmuster gebaut und weitere projektiert wurden.

Ein Gleisbandtraktor ZT 320 GB mit der Saatbearbeitungskombination B 20. Noch 1990 entstanden mehrere solcher Bilder zu Werbezwecken.

GTP 100, HT 140 und UT 082

GTP 100

Wenngleich von offizieller Seite ja die Meinung bestanden hatte, der GT 122/124 würde nach 1972 keine Kundschaft mehr anlocken, machte sich zehn Jahre später doch eine deutliche Versorgungslücke in diesem Bereich bemerkbar. Viele Betriebe riefen nach einem Universalfahrzeug, das speziell in Stall, Hof und Garten einsetzbar war. So fielen in diese Zeit einige Versuche, Ersatz für den Schönebecker Geräteträger zu schaffen.

Einer davon war der im VEB Zucht- und Versuchsfeld-Mechanisierung Nordhausen hergestellte GTP 100, der ab 1985 in eine kleine Serienproduktion ging. Der für die Parzellenpflege konzipierte Geräteträger war wie sein großes Vorbild (GT 124) in Einholmbauweise (elf Löcher im Holm) ausgeführt. Damit hörten die Gemeinsamkeiten noch längst nicht auf. Die Verschmelzung von Hinterachse und Triebwerk gab es allerdings nicht in der klassischen Form.

Der GTP 100 in der Grundversion. Es gab ihn auch mit Ladepritsche analog dem RS 09/GT 124 oder als Parzellendrillmaschine.

Auf einem geschweißten Träger hinter dem Holm war in Fahrtrichtung links von demselben die Fahrerkabine für eine Person montiert. Auf der rechten Seite befand sich – sozusagen unter einer Motorhaube – die Antriebstechnik, unter anderem bestehend aus dem luftgekühlten Cunewalder 2-Zylinder-Dieselmotor 2 VD 8/8-2SVL. Der aus einem Trabant-Tank gespeiste Motor leistete 16 PS bei 3000 U/min. Das 4-Gang-Getriebe plus Rückwärtsgang war in zwei Gruppen schaltbar (inklusive Differentialsperre) und ließ Geschwindigkeiten von 1,0 bis 19,5 km/h zu. Eine Hydraulikanlage mit Kraftheber und die Zapfwelle ließen den mittigen Einsatz diverser Anbaugeräte zu. Die vier Räder hatten vorn die Reifengröße 23x5 und hinten 6,00x16. Während der Radstand 2150 mm betrug, konnte die Spur wahlweise auf 1500 oder 1800 mm eingestellt werden.

In der Betriebsanleitung wurde übrigens ausdrücklich darauf hingewiesen, dass der GTP 100 kein Zugtraktor ist; das Anhängen und Aufsatteln wurde nicht gestattet. Dafür konnte die Ladepritsche TP 900, die 800 kg Zuladung gestattete und nach vorn kippbar war, ab Werk auf den Holm gesetzt werden. Weitere Sonderausführungen ab Werk waren die Parzellendrillmaschine AP 700 und die Federzinkenegge AP 200. Außerdem gab es als Anbaugeräte die Einzelkorndrillmaschine, Düngerstreuer, Spritzgerät, Mähbalken und Hublader.

Etwa 200 Exemplare des GTP 100, für den ein Grundpreis von 58 400 Mark (immer noch Ost) zu entrichten war, sollen in Nordhausen entstanden sein.

HT 140

Ab 1982 baute das Fortschritt-Landmaschinenwerk in Weimar (wo gut 20 Jahre zuvor das SZ 24 montiert worden war) die Stallarbeitsmaschine HT 140. Als universelle Arbeitsmaschine sollte sie

Die Stallarbeitsmaschine HT 140 in voller Ausrüstung mit Hubgabel und Kehrgerät.

Ein HT 140 bei der Arbeit.

zu Transport- Umschlag- und Reinigungsarbeiten in Stallanlagen mit Gangbreiten über 1,65 m herangezogen werden. Wie der GTP 100 konnte sie aber auch im öffentlichen Straßenverkehr mitfahren.

Auf einem geschweißten Plattenrahmen aufgebaut, war das Fahrzeug in seiner Konzeption nicht mit den bisher beschriebenen Traktoren zu vergleichen. Am vorderen Teil des Rahmens waren der Hubarm, ein Frontkraftheber und die starre, angetriebene Achse gelagert. Gelenkt wurde vollhydraulisch mit der pendelnd aufgehängten und ebenfalls angetriebenen Hinterachse. Der Radstand betrug 1960 mm, die Spur vorn 1330 mm und hinten 1230 mm. Die Niederdruckbereifung 10-20/8 war zur Ballastierung hinten mit Wasser gefüllt.

Eine umfangreiche Hydraulikanlage hielt zwei (von insgesamt fünf) voneinander unabhängige Kreise für den Anschluss diverser Zusatzgeräte, wie Hubgabel (max. 500 kg) oder Kehrgerät bereit. Auch eine Zapfwelle war vorhanden.

Der flüssigkeitsgekühlte Motor vom Typ 4 VD 8,8/8,5-3 kam wieder aus Cunewalde und leistete 36 PS. Vier synchronisierte Gänge konnten noch einmal untersetzt werden (Kriechgang oder Straßengang), was einen Geschwindigkeitsbereich von 1,95 bis 20,16 km/h ermöglichte.

Der Fahrer war auf seinem luftgefederten Sitz recht komfortabel untergebracht, hatte aber nur eine Frontscheibe vor sich, während die übrigen Seiten der Kabine offen geblieben waren.

98 900 Mark waren Mitte der 1980er Jahre ein stolzer Preis, den man für den HT 140 bezahlen musste. Dafür bekam man eine Leichtgutschaufel, eine Leichtgutgabel, eine Schwergutgabel und ein Kehrgerät mitgeliefert. Dennoch hielten die hohen Anschaffungskosten und die stets engen Kapazitäten in Weimar die Produktionszahlen des HT 140 in überschaubaren Grenzen.

UT 082

UT stand eigentlich für Universaltraktor – trotzdem bezeichnete der VEB Kombinat Fortschritt Landmaschinen den UT 082 als Universal-Geräteträger.

Der Kleintraktor war für Gärtnereien, im Hopfen- und Weinbau und nicht zuletzt für die immer größer werdende Zahl von Feierabend-Bauernhöfen vorgesehen. 35 000 Mark waren auch für den Privatmann hie und da erschwinglich; ein fünf Jahre alter Wartburg Tourist kostete auf dem Schwarzmarkt nicht viel weniger.

Im Zweigbetrieb Butzen des VEB Kombinat für Gartenbautechnik wurden die kleinen UT 082 ab 1985 (Entwicklungsbeginn 1982) auf einem Halbrahmen montiert. Der wieder aus Cunewalde kommende 2-Zylinder-Dieselmotor 2 VD 8/8-2SVL war luftgekühlt und leistete 15 PS bei 3000 U/min. Das Getriebe war nahezu identisch mit dem des GTP 100 und ermöglichte einen sehr guten

Den kleinen UT 082 gab es im Laufe seiner Produktionszeit mit leicht unterschiedlichen Karosserieformen. (Siehe auch folgende Seite)

(Foto: Ralf Christian Kunkel)

Geschwindigkeitsbereich von 0,5 bis 24 km/h. Die Spurweite konnte von 900 mm auf 1000 oder 1250 mm verlängert werden. Während vorne recht kleine Räder (Reifengröße 23x5) ihren Dienst taten, war die Bereifung hinten mit 8 x 24 nicht sehr viel größer dimensioniert. Die Hydraulikanlage ermöglichte hinten eine Dreipunktaufhängung und vorn die Hublader T 100 oder T 100 B. Die Zapfwelle mit 540, 750 oder 1000 U/min ließe Anbaugräte zu, die speziell auf den UT 082 zugeschnitten waren: Anbaubeetpflug, Grubber, Schleuderdüngerstreuer, Rotorwender, Anbaumähwerk, Frontlader, Kehrmaschine und Anbaubodenfräse.

Die 1982 begonnene Entwicklung konnte 1988 schon auf das eintausendste Serienexemplar zurückblicken. Etwa 1200 Fahrzeuge waren es dann insgesamt.

Die Traktoren von Münch, Manhardt und dem KfL Stadtlengsfeld

Münch

Die Firma Münch in Grumbach bei Freital baute 1938 ihren ersten Traktor zusammen. In der Folgezeit wurden in selbst gefertigte Fahrgestelle hauptsächlich Wasserverdampfer-Motoren von

Deutz, Güldner oder O&K gesetzt. Als nach dem Krieg in Schönebeck die ersten 2-Zylinder-Dieselmotoren vom Typ F 2 M 414 aus der FAMO-Entwicklung montiert wurden, konnte Münch hier einige Exemplare abzweigen und für seine Traktoren verwenden. Waren diese Bemühungen noch als reine Eigenbauten anzusehen, bekam die Fertigung in der zweiten Hälfte der 1950er Jahre Kleinserien-Charakter. Nachdem nämlich die Produktion des »Aktivist« in Brandenburg ziemlich abrupt beendet werden musste, übernahm die »Firma Münch – Spezial- und Vertragswerkstatt für Diesel- und Ottomotoren« eine Art Folgefertigung des RS 03/30. Anfangs bezog man neben dem Aktivist-Motor vom Typ 16 V 2 auch noch einige andere Baugruppen dieses Schleppers, bald aber nur noch die Triebwerke aus Brandenburg. Den Rest musste sich Münch auf mehr oder weniger verschlungenen Wegen irgendwie selbst beschaffen; als Privatfirma war er von der

Eher weniger für die Landwirtschaft gedacht war der in etwa 150 Exemplaren gebaute Traktor »Münch« von der gleichnamigen privaten Firma, einem Motoren-Reparaturbetrieb.

staatlichen Verteilung weitgehend ausgeschlossen. Die mit dem 2-Zylinder-V-Motor gebauten Traktoren hatten zwar ein eigenes Gesicht bekommen, konnten ihre Verwandtschaft zum Aktivist aber nicht verleugnen. Der Motor holte aus 3325 ccm Hubraum immer noch 30 PS bei 1500 U/min. Nachdem seine Produktion im BTW ausgelaufen war, fertigte der Berliner Betrieb Segelflieger Damm das Triebwerk in kleiner Stückzahl weiter und belieferte auch Münch in Grumbach. Münchs Aktivist-Ableger, der einfach »Radtraktor Münch« getauft worden war, verfügte übrigens über einen Elektrostarter; die aufwendige Luntenzündung war glücklicherweise entfallen.

Die Münch-Aktivisten bildeten das Gros an Traktoren, die in der sächsischen Werkstatt entstanden. Es waren etwa 150 Stück, die hauptsächlich für innerbetriebliche Transporte an Industriebetriebe wie Robur in Zittau oder das Karosseriewerk in Dresden verkauft wurden.

Etwa 100 Fahrzeuge entstanden ab 1960 vom Münch »Ponier«.

Nachdem der Pionier in Nordhausen aus dem Programm genommen worden war, nahm sich Münch auch dieses Traktors, von dem er noch lange schwärmte an. Das neue Fahrerhaus, mit dem die Pioniere in Grumbach versehen wurden, diente übrigens den Schönebecker Konstrukteuren als Grundlage für die Kabine des ZT 300.

Noch Jahrzehnte später blickte der immer noch unermüdliche Joachim Münch nicht ohne Stolz auf etwa 350 Traktoren zurück, die in seinem Betrieb entstanden sind.

Kleindieselschlepper »Rauhbautz«

Die Firma Manhardt-Landmaschinenbau, Wutha/Thüringen wurde 1946 durch Walter Manhardt gegründet. Die Firma arbeitete auch mit Egon Scheuch bei der Entwicklung von Anbaugeräten zur »Ackerbaumaschine«, der Vorstufe des Geräteträgers, zusammen, 1957 stieg sie auch in den Traktorenbau ein. Das Bild zeigt das Fahrzeug in seiner letzten Version in recht ansprechender Gestaltung. Die Dreiradausführung war dem Betrieb vorgeschrieben worden. Der Kleinschlepper sollte in der Landwirtschaft, im Gartenbau, in der Industrie und im kommunalen Bereich Anwendung finden. Seine große Wendigkeit wurde gerühmt. Die Produktion endete nach nur 15 Stück.

MWS 45

Der Traktor MWS 45 war eine Spezialmaschine für Hanglagen zur Bearbeitung von Grünfutterflächen. Er wurde im Kreisbetrieb für Landtechnik Stadtlengsfeld in Thüringen gebaut. MWS ist die Abkürzung für Mäh-, Wende- und Schwadmaschine, die Zahl 45 steht symbolisch für den erreichbaren statischen Kippwinkel von 45°.

Die Maschine entstand unter Verwendung von Baugruppen des Kleintransporters Multicar-Allrad aus Waltershausen Die Entwicklung und der Bau des Fahrzeuges ist symptomatisch für das letzte

Etwa 15 Dreirad-Traktoren mit dem schönen Namen »Rauhbautz« entstanden ab 1957 in Thüringen.

Jahrzehnt der DDR im Bereich der Landtechnik. Es gab einerseits in den Kreisbetrieben für Landtechnik ein Überangebot an Fertigungskapazitäten, auf der anderen Seite bestand ein nicht unerheblicher Bedarf an speziellen Arbeitsmitteln für die Landwirtschaft. Aus dieser Situation heraus entwickelte sich praktisch ein neuer Zweig der Landmaschinenproduktion, der allgemein unter dem Titel Rationalisierungsmittelbau geführt wurde.

Zwischen 1987 und 1990 baute der KfL Stadtlengsfeld etwa 175 dieser kleinen Hangtraktoren vom Typ MWS 45.

Brandis, Pomßen und die Rößner-Traktoren

Die Brandiser Maschinen- und Apparatebau K.G. in Brandis-Leipzig stellte Ende der 1950er, Anfang der 1960er Jahre kleine Radschlepper und Planierraupen für innerbetriebliche Transporte, Kommunalaufgaben und Baustellen her. Da sie nicht in der Landwirtschaft eingesetzt wurden (wenngleich die Werbung dies gelegentlich anders darstellte), wären sie in diesem Buch eigentlich nicht weiter von Bedeutung. Allerdings standen sie am Anfang einer Reihe von Schleppern, die schließlich doch noch zur Land- und Forstwirtschaft führte.

Von Brandis nach Pomßen

Den Bau der kleinen Radschlepper, die gerne von der Deutschen Post für innerbetriebliche Transporte oder von der Interflug für deren Flughäfen gekauft wurden, übernahm die PGH Metall Pomßen bei Grimma und stellte 1964 den Typ S 3 »Pomßen« vor. Der Kleintraktor mit dem 13 PS leistenden 2-Zylinder-4-Takt-Dieselmotor 2 KVD 8 (luftgekühlt, 800 ccm) wurde als sogenanntes »Rationalisierungsmittel« in Kleinserie gebaut. 1080 kg Eigengewicht, eine Anhängelast von immerhin 2,5 t, der geringe Wendekreis von 4,8 m und nicht zuletzt sein schmuckes Aussehen erschloss schnell

Zur Leipziger Frühjahrsmesse 1961
auf dem Gelände
der ständigen Bauausstellung!

KLEINSCHLEPPER S1

Innerbetriebliche Transportarbeiten in Industrie und Landwirtschaft werden rationell erleichtert. Wenig und einfach zu bedienen, ersetzt der Kleinschlepper S 1 bis zu fünf Arbeitskräften.

KLEINPLANIERRAUPE KP 501

Die KP501 erfüllt die verschiedensten Spezialaufgaben wirtschaftlich, schnell und erfolgreich. Zum Einsatzprogramm gehören u. a. Planierarbeiten auf Baustellen, das Zuschieben von Rohrleitungs- und Bewässerungsgräben.

BMA

Brandiser Maschinen- und Apparatebau K.G. Brandis - Leipzig

Die BMA war Ende der Fünfziger-, Anfang der Sechzigerjahre bekannt für ihre kleinen Schlepper und Planierraupen.

weiteren Bedarf in Industriebetrieben (Werkverkehr) und der Hafenwirtschaft.

In der Weiterentwicklung entstand der Kleinschlepper DFZ, der wahlweise in zwei Varianten angeboten werden konnte. Als DFZ 322 war er wieder mit dem 13 PS leistenden 2-Zylinder bestückt und der DFZ 632 wurde vom ebenfalls luftgekühlten 4-Zylinder-Dieselmotor 4 KVD 8 angetrieben, der maximal 26 PS zur Verfügung stellen konnte. Beide Fahrzeuge hatten ein 3-Gang-Getriebe von Robur, das Geschwindigkeiten von 8 bis 28 km/h erlaubte. Die Maße beweisen, dass es sich in der Tat um Kleintraktoren handelte: Länge 2750 mm, Breite 1100 mm und Höhe 1970 mm.

Ende der 1960er Jahre erschienen die beiden Typen etwas überarbeitet als DFZ 322/1 und 632/1. Die Motorleistung war jetzt auf 14 und 28 PS gestiegen und die schöne, runde Motorverkleidung einer kantigen, eher hässlichen gewichen.

In der Typenbezeichnung folgt der Kleinschlepper »Pomßen S3« dem Brandiser S1. Die PGH »Metall« setzte 1964 einen etwas veränderten Motor des GT 122 für den Antrieb ein.

Aus der gleichen Schmiede in Pomßen bei Grimma (Sachsen) kam 1967 der Kleintraktor DFZ 322. Er wurde unter anderem zum Standard-Zugpferd auf den Flughäfen der DDR.

Der Pomßen DFZ in der zweiten Version ab 1969.

Dieser Pomßen-Schlepper war Zeit seines Maschinenlebens in einem NVA-Lager im Einsatz. Heute wird er mit all seinen Beulen und Kratzern erhalten und gelegentlich noch genutzt. (Foto: Ralf Weinreich)

Die Rößner-Traktoren

1970 stieß der Forstingenieur Martin Rößner zur PGH Metall in Pomßen. Diese war auf den findigen Erfurter aufmerksam geworden, weil er mit land- und forstwirtschaftstauglichen Schleppern in Eigenkonstruktion auf sich aufmerksam machte.

1967 und 1969 hatte Rößner zwei Kleinschlepper aufgebaut, die er UNICAR 67 und UNICAR 69 nannte. Von Trabant-Motoren angetrieben, waren die Trecker außerdem mit einem Vorschaltgetriebe aus Waltershausen (Multicar) und einem Hauptgetriebe aus dem Getriebewerk Glauchau bestückt. Die gekürzte Hinterachse stammte vom Robur-LKW aus Zittau, die Vorderachse war eine Eigenkonstruktion aus Serienteilen. Besonders die Getriebeuntersetzung hatte den Fahrzeugen aus Pomßen bisher gefehlt und den UNICAR dort interessant gemacht. Wie auch die Dreipunktaufhängung und die Zapfwelle, die, motor- oder getriebegebunden, zweistufig schaltbar war.

Eine Bedarfsermittlung anlässlich der Agra 1970 in Markkleeberg hatte ergeben, dass der UNICAR 69 in beträchtlichen Stückzahlen, die nur in einer industriellen Fertigung zu erbringen gewesen wären, absetzbar war. Aber in der DDR war längst die Zeit angebrochen, in der führende Wirtschaftsfunktionäre nur noch am Rande interessierte, was das Volk verlangte.

Der UNICAR 69 war die zweite Eigenkonstruktion des Erfurter Forstingenieurs Martin Rößner.

Den UNICAR FM 01/72 baute Rößner zusammen mit der PGH Metall in Pomßen auf.

So kam Rößner also nach Pomßen, wo er hoffte, einen Forsttraktor in größeren Stückzahlen bauen zu können. Aus einer Mischung des UNICAR und der bisherigen Pomßen-Technik entstand Anfang 1972 der UNICAR FM 01/72. Seine Besonderheit war der erstmals eingesetzte neue Cunewalder Dieselmotor 4 VD 8,5/8,8 SRF, der immerhin 45 PS leistete. Der Radstand von 1750 mm und die Spurweite von 1150 mm verdeutlichten aber, dass es sich noch immer um einen Kleintraktor handelte, der aber genauso im Prototypen-Stadium stecken blieb, wie seine Vorgänger – und leider auch sein Nachfolger. Letzteren baute der Forstingenieur, nun mit staatlicher Genehmigung, wieder in Erfurt auf, nachdem sein Engagement in Pomßen, wegen nicht weiter bewilligter Entwicklungsgelder aus Leipzig, beendet werden musste.

UNICAR 2604 hieß nun der neue, 1973 präsentierte, Forsttraktor, mit dem Rößner zwar wieder zu Trabant-Motor und den beiden getrennten Getrieben zurückgekehrt war. Eine hydraulische Rahmen-Knicklenkung, vier gleich große Räder 8,3 x 20 AS, Polterschild, Anbaurückewinde und Fahrerschutzkabine waren aber konstruktive

Neuheiten, die, deutlicher als bisher, den Forsttraktor kennzeichneten.

Die positive Beurteilung dieser Entwicklung führte zu einem staatlich sanktionierten Entwicklungsauftrag, an dessen Ende der Forstschlepper DFU 45 stand. Bis 1979 baute Rößner etwa 70 dieser Schlepper auf. Die Fertigung übernahm schließlich der VEB Forsttechnik Oberlichtenau und fertigte die Weiterentwicklungen DFU 451, DFU 300 und FX 38 S in geringen Stückzahlen bis Ende der 1980er Jahre weiter.

Indes nahm Rößner 1982 seine frühere Pomßen-Konstruktion UNICAR FM 01/72 wieder auf, führte einige Verbesserungen ein, zu denen vor allem die geschweißte Hinterachse in Kompaktbauweise gehörte und präsentierte das Ganze als Zugtraktor RZT 84. Als Antriebsquelle diente wieder der 45 PS leistende Cunewalder Diesel 4 VD 8,5/9-1 SRF. Der Traktor, der mit einer leistungsstarken Hydraulikanlage ausgerüstet war und mit vielen praktischen Anbauteilen versehen werden konnte, erschien dem VEB Fortschritt Landmaschinen interessant genug, um Rössner mit finanzieller Unterstützung zur Weiterentwicklung und Serienvorbereitung zu animieren. Anlässlich des 40. Jahrestages der DDR, am 7. Oktober 1989, sollte das Fahrzeug dann der Öffentlichkeit vorgestellt werden. Das schaffte Rößner in Form des RZT 90 schließlich auch, doch die unausweichlichen politischen Entwicklungen ließen dem kleinen, aber feinen Traktor keine Chance auf eine Serienfertigung.

RZT 90 (links) und RZT 89 waren die letzten Kleintraktoren, die Rößner entwickelte und die nun endlich eine echte Chance für eine Serienfertigung bekommen hätten. Wären da nicht die Rufe »Wir sind das Volk...« gewesen.

Muster ohne Wert – Entwicklungen ohne Zukunft

Versuchsfahrzeuge aus Sachsen

Dampfschlepper Fritsch-Hasenzahl

Bereits zu Beginn der 40er Jahre entstand wegen des notorischen Treibstoffmangels in der Kriegszeit in der Rosslauer Schiffswerft ein Schlepper mit Dampfantrieb. Der Vierzylinder-Dampfmotor leistete 25 bis 30 PS bei 1200 U/min. Mit einer Betriebsfüllung (Holz, Wasser) konnte das Fahrzeug etwa fünf Stunden arbeiten. Bei der 1948 in Dresden wieder aufgenommenen Einzelfertigung wurden als Betriebsstoffe Rohbraunkohle oder Braunkohle-Briketts verwendet. Zu einer Serienfertigung kam es allerdings nicht. Während der Schlepper auch für den Feldeinsatz geeignet schien, waren weitere Ableger reine Straßenzugmaschinen.

Eine Serienproduktion kam auch deshalb nicht zustande, weil die Herstellung der Betriebsbereitschaft viel Zeit und Geduld erforderte. Die Vorteile der niedrigen Brennstoffkosten und fahrtechnischen Vorteile (keine Kupplung, kein Getriebe) konnten die Entscheidungsträger nicht überzeugen.

Der Dampfschlepper Fritsch-Hasenzahl in der Version von 1948.

TS 46/60

In der zweiten Hälfte der 1950er Jahre befasste sich das Institut für Landmaschinen- und Traktorenbau in Leipzig damit, eine Lösung zum viel diskutierten Thema der Vereinigung von Traktor und Vollerntemaschine zu einem Fahrzeug zu erarbeiten. Im Prinzip sollte ein solches Fahrzeug auch die Vorteile eines Geräteträgers aufweisen, sich aber noch weiterführend relativ leicht zu einer Vollerntemaschine, zum Beispiel zur Rübenernte oder Kartoffelrodung, umbauen lassen.

Unter Federführung des Institutsleiters, Dr. Foltin, wurden 1958 Prototypen eines solchen Fahrzeugs unter der Bezeichnung TS 46/60 vorgestellt und erprobt. TS stand für Triebsatz und die Ziffern sollten darauf hinweisen, dass zwei Motorvarianten mit 46 und 60 PS Verwendung finden konnten.

Trotz einiger sehr interessanter Detaillösungen, wie etwa der Doppelpendelachse vorn, konnte das Fahrzeug die Verantwortlichen nicht überzeugen. Tatsächlich blieben Fragen offen und die Akzeptanz bei den Bauern war eher fraglich. Die Entwicklung wurde zu Gunsten der Weiterentwicklung des Geräteträgers abgebrochen.

Der TS 46/60 kombiniert mit einer Kartoffelvollerntemaschine…

… und einer Rübenvollerntemaschine.

Prototypen aus Brandenburg

Brandenburg soll in diesem Teilkapitel als Stadt und auch als Land wie es nach 1990 entstand, einbezogen werden, denn nicht nur im Brandenburger Traktorenwerk waren einige nennenswerte Entwicklungen entstanden.

RTA 0511/60

Das Institut für Landtechnik Abteilung Schleppertechnik in Potsdam Bornim initiierte 1957 den in einem Funktionsmuster gebauten RTA 0511/60. Ach mit dieser Entwicklung zielten die dortigen Ingenieure darauf ab, den Mangel an kräftigen Zugtraktoren in der DDR, der nach dem Ende der RS 01/40 II-Fertigung noch eklatanter geworden war, zu beseitigen. Nachdem die Bornimer schon

Der RTA 0511/60 in der noch sehr nach LKW aussehenden Version, die ihm den Namen »Bornimog« einbrachte.

Der »Bornimog« zu Testzwecken im Feldeinsatz.

einen RS 14/30 mit einem luftgekühlten 4-Zylinder-Dieselmotor von Phänomen in Zittau bestückt und dieses Fahrzeug RS 14/50 genannt hatten, ging man daran, dieses Triebwerk, jetzt mit 60 PS, in ein ganz neues Schlepperkonzept zu integrieren. Neu jedenfalls für die DDR, denn mit dem Mercedes Unimog und dem Kramer KL 600 gab es ähnliche Fahrzeuge bereits. Die unverkennbaren Ähnlichkeiten zum Unimog brachten dem RTA 0511/60 dann auch bald den Spitznamen »Bornimog« ein.

Durch zurücksetzen der Vorderachse wurde die Belastung der Vorderachse erhöht, was von Vorteil für den Allradantrieb war. Wie auch die Teilung des Rahmens in einen vorderen Fahrschemel und einen um die Fahrzeuglängsachse drehbar gelagerten Hinterachsblock. Beide Achsen waren gefedert. Die Bereifung 12-18 vorn und hinten entsprach eher LKW-Rädern denn Traktor-Stollen. Und das für das erste Funktionsmuster eingesetzte, dem Robur »Garant« sehr ähnlich sehende Fahrerhaus wie auch die kippbare Ladepritsche verstärkte den Eindruck, es hier eher mit einem LKW denn mit einem Ackerschlepper zu tun zu haben. Andererseits kennzeichneten die Hydraulikanlage mit Kraftheber für den Geräteanbau und Zapfwellen für den Antrieb von Vollerntemaschinen klar Verwendungszweck in der Feldwirtschaft.

Im Januar 1958 konnte das erste Fahrzeug in Bornim fertiggestellt werden. Danach wurde die Entwicklung an das Traktorenwerk Schönebeck übergeben, wo drei weitere Funktionsmuster, jetzt mit einer den aktuellen Nordhäuser Traktoren nachempfundenen Motorhaube, bis März 1959 aufgebaut werden konnten. Weitere drei, nochmals verbesserte Musterfahrzeuge entstanden danach im Brandenburger Traktorenwerk, das als Finalproduzent auserkoren war. Und wieder einmal leer ausging. Trotz vielversprechender Versuchsergebnisse und einer großen Nachfrage kam es nicht zu einer Serienproduktion.

Die späteren Versuchsfahrzeuge des RTA 0511/60 sahen wieder mehr nach Traktor aus.

S 25 »Solidarität«

Diesel war in den frühen Nachkriegsjahren auf dem Lande so reichlich vorhanden, wie Kartoffeln in der Großstadt – nämlich so gut wie gar nicht. Deshalb erhielt der Technische Leiter der »WISCO« Fahrzeug-Gasgeneratoren KG in Beeskow/Mark, Dr. Herbert Isendahl, von der Landesregierung in Brandenburg den Auftrag, einen Schlepper mit Generatorgasmotor zu entwickeln. Im Sommer 1948 fuhr ein erstes Funktionsmuster zu Testzwecken auf dem Werksgelände herum. Am 4. August begutachtete eine Kommission, der Mitglieder der Landesregierung, des Amtes für Volkseigene Betriebe und der Deutschen Wirtschaftskommission angehörten, den Traktor und befand ihn insgesamt für eine gelungene Konstruktion. Die schlechte Sicht des Fahrers nach vorn, hervorgerufen durch das hochbauende Gas-

Der Holzgasgenerator-Schlepper S 25 »Solidarität« war von der Zeit überholt worden, bildete aber die konstruktive Basis für den »Aktivist«.

aggregat, sollte durch eine seitliche Verlegung des Fahrersitzes behoben werden.

Wie bereits beschrieben, wurde das ehemalige Brennabor-Werk mit dem Bau des Schleppers beauftragt. Dort war man mit dem Test des immer noch nur in einem Exemplar existierenden Gasgenerator-Schleppers nicht so sehr zufrieden. Die Fertigung, die schon für das zweite Halbjahr 1948 monatlich 100 Fahrzeuge mit der Bezeichnung »Solidarität« vorsah, musste verschoben und schließlich verworfen werden.

KS 06, KS 29 und KT 731/32

Ein Prototyp des KS 06 wurde 1952 auf der Messe in Leipzig der Öffentlichkeit vorgestellt. Die Entwicklung war im Schlepperwerk Schönebeck durchgeführt worden und sollte im Traktorenwerk Brandenburg in Serie gehen. Der KS 06 war in Konstruktion und Aussehen für die damalige Zeit eine kleine Sensation, es existieren leider nur sehr wenig technische Angaben dazu. Mit der Entwicklung war schon 1949 begonnen worden. Für den Antrieb sollte ein Dreizylinder-Gegen-

Ausstellungsmuster ohne Wert: Die Entwicklung des sehr fortschrittlichen KS 06 wurde leider nicht weiterverfolgt.

kolben-Dieselmotor mit einer Leistung von 80 PS bei 1500 U/min zum Einsatz kommen. Aber wahrscheinlich ist auch der Motor schon in der Entwicklung stecken geblieben. Das Achtganggetriebe (2 Gruppen, 4 Gänge) war reversierbar, deshalb war der Fahrersitz drehbar, und die Bedienungshebel waren umklappbar. Beachtung verdiente auch das Fahrwerk. Das Gleisband aus Perlongewebe mit aufvulkanisierten Gummistollen erhielt durch das Pendelrollenlaufwerk eine gute Anpassungsfähigkeit an den Boden.

Um einen konkurrenzfähigen Nachfolger des KS 30 war man trotz schlechter Aussichten noch bemüht gewesen. Im April 1956 führten die Entwicklungsingenieure fort, was 1952 in Schönebeck mit den Prototypen des KS 06 begonnen hatte. Zum Ende der 1950er Jahre hin hielt man diesen, früher zukunftsweisenden, Kettenschlepper für realisierbar. Die Wiederaufnahme der Konstruktion unter der Bezeichnung KS 29 sollte dem BTW als Schlepperproduzenten die Zukunft sichern. So hätte man das in Brandenburg jedenfalls gerngehabt.

Jetzt unter der Bezeichnung »Gleisbandtraktor« entstand ein Vollrahmen-Fahrzeug mit Pendelschwingenlaufwerk. Das Gleisband bestand, wie

Die Zeit der Kettenschlepper war in der DDR vorbei, auch deshalb hatte der KS 29 keine Chance mehr.

beim KS 06, aus Perlon-Gummi. Für den Antrieb war ein wassergekühlter 2-Takt-Dieselmotor der Ford-Werke in Köln vorgesehen. Seine Leistung betrug 60 PS. Trotz des Einverständnisses wichtiger Entscheidungsträger mit dieser Lösung, dürfte der vorgesehene West-Import nicht unwesentlich zum Scheitern des Gesamtprojektes beigetragen haben. Obwohl die sogenannte »Störfreimachung« der ostdeutschen Wirtschaft (Ablösung von West-Importen durch Eigenfertigung) erst im Herbst 1961, nach dem Mauerbau, zum Schlagwort der DDR-Wirtschaftspolitik wurde.

Das im BTW entwickelte Wechselgetriebe hatte acht Geschwindigkeitsstufen, die sowohl vorwärts wie rückwärtsgefahren werden konnten. Als Zubehör war eine Hydraulikanlage zum Betrieb von An- oder Aufbaugeräten vorgesehen, die neben einer Dreipunktaufhängung vor allem einen Aufsattelanhänger oder einen Überkopflader betätigen sollte.

Ende 1957 war das erste Versuchsfahrzeug fertiggestellt, das man immer noch erprobte, als längst der Abbruch der Entwicklung befohlen worden war.

Das gleiche Schicksal erlitten 1962 die letzten Versuche, neue Gleisbandlaufwerke mit dederonverstärkten Gummibändern und aufgeschweißten Stahlstegen einzuführen. Von den Typen KT 731 und KT 732 entstanden elf Prototypen, die bis auf die Laufwerke im Wesentlichen dem KS 30 entsprachen.

Der Plan: Neue Baureihen aus Schönebeck

Eine Entwicklungsgruppe um Ingenieur Hendrichs versuchte von 1952 bis 1954 in einer Nebenkonstruktionsabteilung des Traktorenwerkes Schönebeck eine neue Traktorenreihe zu entwickeln, die den kommenden Anforderungen landwirtschaftlicher Großbetriebe gerecht werden sollte. Mit der Bezeichnung RS 10 entstand hier ein Radschlepper, der speziell für den Feldeinsatz gedacht war (Getriebe mit Kriech- und Ackergang); als RS 11 war ein Straßenschlepper (bis 30 km/h)

Aus einer nicht weiter verfolgten Nebenentwicklungsreihe der Schönebecker entstammt dieser RS 10 von 1953.

Der Kettenschlepper KS 12 von 1954 gehörte zur oben genannten Nebenentwicklungsreihe.

In Schönebeck wurden noch einige Entwicklungen, teilweise aus Vorkriegszeiten, in Versuchsmuster umgesetzt. Hier der KS 05 von 1951 mit 120 PS-Motor.

Und noch ein Kettenschlepper: Der KS 16 von 1955 mit 60-PS-Motor.

gedacht und der Kettenschlepper KS 12 sollte die Nachfrage nach Raupenfahrzeugen abdecken. Allen gemeinsam waren gleiche Bauprinzipien und die Motoren: Rahmenlose Blockbauweise, gleicher Rumpfblock für Rad- und Kettenschlepper, 3-Zylinder-4-Takt-Dieselmotor mit 45 PS bei 1500 U/min. Dazu kam ein 12-Gang-Getriebe mit drei Schaltgruppen.

Mit der Einführung dieser Baureihe wäre natürlich auch der Pionier ersetzt worden. Aber es kam nicht einmal annähernd so weit. Schon in der Testphase der Prototypen konnten diese wegen zu geringer Nutz- und Zugleistung (schwache Motorisierung bei hohem Eigengewicht) und ungenügender Wendigkeit nicht überzeugen. Die Entwicklungen wurden nicht weiterverfolgt, wie es lapidar in den Akten heißt.

Weiterhin entstanden eine Reihe von Versuchsfahrzeugen mit Kettenlaufwerken. Hier der HKS 13 (Halbkettenschlepper) von 1954. Das 210 PS starke Fahrzeug entstammte einer Entwicklungsreihe für die Kasernierte Volkspolizei (später Nationale Volksarmee). ←

In einer Hauptentwicklung gab es noch einmal einen RS 10 Allradtraktor mit Schlupflenkung, dessen Vorderräder durch Ketten von der Hinterachse aus angetrieben wurden.

Der kleine TT 220

Die Leistung, die die Traktorenbauer mit der Realisierung des ZT 300 erbracht hatten, wäre noch deutlicher sichtbar geworden, wenn der gleichzeitig in Entwicklung befindliche, kleinere Bruder TT 220 auch in eine Serienproduktion hätte gehen dürfen. Der Geschichte des wichtigsten, gescheiterten Entwicklungsprojektes im DDR-Traktorenbau soll an dieser Stelle etwas ausführlicher gedacht werden.

Um die 0,9 Mp-Zugklasse ohne Importe besetzen zu können, begannen fast gleichzeitig mit der Entwicklung des ZT 300 auch die Konstruktionsarbeiten am Tragtraktor TT 220. Dabei war das Ziel, so viel Wiederverwendungsteile wie nur möglich in beiden Fahrzeugen unterzubringen, klar definiert. Das ließ die beiden Traktoren dann auch äußerlich ziemlich ähnlich aussehen, obgleich mit verschiedenen Designvorschlägen experimentiert worden war. Völlig neu wäre der 3-Zylinder-Dieselmotor gewesen, der aus einer zeitgleich gestarteten Entwicklungsreihe mit drei bis sechs Zylindern hervorgehen sollte und 53 PS leistete. Ursprünglich war Robur in Zittau als Lieferant des Triebwerks mit der Bezeichnung 3 VD 12/11 SRF vorgesehen; Ende Oktober 1963 legte die VVB Automobilbau dann aber überraschend

Zwei TT 220 Versuchsfahrzeuge von 1966 mit unterschiedlichen Karosserieformen.

das Motorenwerk Schönebeck als Finalproduzenten fest. Dort war man mit diesem Projekt heillos überfordert und beinahe erleichtert, als die staatliche Plankommission die notwendigen 250 Millionen Mark für Entwicklung und Bau der neuen Motorenbaureihe ersatzlos strich. Der Empfehlung, entsprechende Motoren innerhalb des RGW zu importieren, wurde zwar nachgegangen, indes die Bemühungen blieben erfolglos. So musste der ursprünglich für 1968 geplante Serienstart des TT 220 zunächst verschoben werden. Allein das war schon bitter, denn diesen Traktor wollten wirklich alle haben – mehr noch als den zuvor erschienenen ZT 300. Nicht zuletzt, weil für diesen kleineren Traktor, der in der Landwirtschaft für schwere Pflegearbeiten, Transporte, leichte Bodenbearbeitung und als allgemeines Zugmittel vorgesehen war, die entsprechenden An- und Aufbaugeräte bereits vorhanden waren und die Herstellerbetriebe händeringend um Abnehmer warben.

Es kam noch schlimmer. Da es keinen neuen Motor geben würde, musste (einmal mehr) Bestehendes modernisiert werden. Die aus der EM-Baureihe (Entwicklungsbeginn Ende der 1930er Jahre!) hervorgegangenen VD 14,5-Motoren wurden überarbeitet und unter anderem mit dem M-Verfahren (MAN-Lizenz), wie im ZT-300-Kapitel beschrieben, aufgepäppelt. Ab 1970 sollte nun ein aus dieser Reihe abgezweigter 3-Zylinder den TT 220 antreiben. Inzwischen forderten die Techniker aus Schönebeck aber, dass der Traktor künftig mit einem 70-PS-Motor ausgerüstet werden müsse, da er sonst auf Grund seiner sich immer deutlicher abzeichnenden weitgehenden Baugleichheit mit

Der TT 220 war das wichtigste Traktorenprojekt der Schönebecker, das letztendlich auf staatliche Verordnung hin nicht zur Serienfertigung kommen durfte.

dem ZT 300 hoffnungslos untermotorisiert wäre. Für diese Leistung reichte ein Dreizylinder nun aber nicht mehr aus. Also sollte ein entsprechender 4-Zylinder-Dieselmotor nun aus Nordhausen kommen, wo man auch sofort mit Hochdruck an die Arbeit ging. Doch alle Aufregung war umsonst: Ende 1967 bestimmte der Ministerrat der DDR, dass der TT 220 ersatzlos zu streichen ist, da die Kosten volkswirtschaftlich nicht einzuordnen seien. Die Entwicklung war zu diesem Zeitpunkt in Schöne-

Das achte von zwölf gefertigten Funktionsmustern des TT 220 aus dem Jahre 1966. Der verwendete 3-Zylinder-Motor holte aus 3420 ccm 60 PS.

In Schönebeck nahm das Forschen und Entwickeln nie ein Ende. Neben vielen anderen Prototypen hier ein Tragtraktor FT 4520 von 1984, wieder mit einem 3-Zylinder-Motor, der 60 PS leistete. Zwei Exemplare wurden aufgebaut.

beck schon abgeschlossen gewesen und der Traktor hätte in die Serienfertigung überführt werden können. Diese Entscheidung war ein Drama für den gesamten Landmaschinenbau in der DDR und letztlich auch für deren Landwirtschaft selbst.

Als Hauptursache für diesen Beschluss galt die bereits völlige Auslastung des Getriebewerkes in Brandenburg (ehemals BTW), das eine zusätzliche Fertigungslinie für das TT 220-Getriebe nicht mehr aufnehmen konnte. Und für eine Kapazitätserweiterung des Werkes fehlten eben die Mittel.

Keine Zukunft für Nordhausen

Während man in Schönebeck noch in den Anfängen der Entwicklung einer neuen Traktoren-Baureihe mit 53 PS (Typ TT 220) und 93 PS (Typ ZT 300) steckte, forderte der 7. Bauernkongress im März 1962 die baldige Einführung eines modernen Radtraktors mit mindestens 55 PS. Um dies kurzfristig umsetzen zu können, beauftragte die Regierung das Schlepperwerk Nordhausen, unter Verwendung eines 3-Zylinder-Dieselmotors (3 VD 14,5 /12), der immer noch auf die Zwickauer EM-Reihe zurückzuführen war, und möglichst vieler baugleicher Teile der Famulus-Reihe, eine Übergangslösung zu realisieren. Das Wort »Übergangslösung« überhörte man in Nordhausen geflissentlich und witterte vielmehr die Chance, mit einem neuen Traktor in der 1,4 Mp-Zugkraftklasse den Standort als Schlepperwerk noch eine geraume Zeit erhalten zu können.

Der Famulus 60

In kürzester Frist waren die ersten RT 330 mit 60-PS-Motor (bei 1800 U/min) auf die Räder gestellt. Die Fahrzeuge basierten technisch und auch äußerlich auf den RS 14-Typen, lediglich die Kühlermaske, im Stil der damaligen John-Deere-Schlepper, verlieh dem RT 330 eine eigene Note. 1963 lief schon die Nullserie und die ersten Prospekte für den »Famulus 60« (auch die Bezeichnung Famulus 60 »super« tauchte auf) wurden gedruckt. Bis dahin waren aber schon so deutliche technische Probleme aufgetreten, dass eine Nullserie eigentlich noch nicht hätte zugelassen werden dürfen. Vor allem das Antriebsritzel hielt dem gestiegenen Motordrehmoment nicht stand, was eine konstruktive Änderung der Ritzelwelle und damit des ganzen Getriebes erforderlich gemacht hätte. Diese Zeit wollte man sich offensichtlich sparen. Mit fatalen Folgen. Im Mai 1964 wurde das Projekt wegen zu gravierender technischer Mängel abgebrochen, wie es offiziell hieß. Das Kapitel RT 330 war damit aber noch nicht abgeschlossen. Die Parteiführung fühlte sich durch die »inoffiziell vorangetriebene Serienvorbereitung« hintergangen und ließ, um ihren Anspruch auf eine allumfassende Führung zu demonstrieren, ein Exempel statuieren, das sie selbst »Gesellschaftliches Gericht« nannte.
Im Kulturhaus des Schlepperwerkes Nordhausen wurden also zwölf hohe Funktionäre der VVB Landmaschinen, des Instituts für Landtechnik und des Schlepperwerkes Nordhausen angeklagt, volkswirtschaftliche Ressourcen vergeudet zu haben, indem sie die Serienfertigung des Famulus 60 vorantrieben, obwohl sie von dessen technischen Mängeln wussten. In der Folge des Verfahrens gab es elf strenge Verweise und einen Verweis; alle Angeklagten wurden ihrer Posten enthoben und mussten ein Monatsgehalt Strafe zahlen. Dem Prozess wohnten auf Anordnung des Politbüros diverse Betriebsdirektoren und Parteisekretäre anderer Betriebe des Maschinenbaus bei, um ihnen zu zeigen, wie der Staat jetzt und künftig mit ungehorsamen Funktionsträgern umzuspringen gedachte.

Für den Famulus 60 mit Hinterradantrieb und modernisierter Kühlerverkleidung gab es bereits einen Verkaufsprospekt.

Vor dem Schauprozess waren alle Angeklagten (selbst parteiangehörig) in Berlin von oberster Stelle dazu vergattert worden, die späteren Urteile ohne Widerspruch anzunehmen. Ein sich anschließender Zivilprozess, diesmal ohne Zuschauer, hob die Urteile auf und sprach alle Angeklagten frei. Ihre früheren Posten bekamen sie allerdings nicht zurück. Diese waren inzwischen mit anderen Getreuen besetzt, die sich, was Nordhausen anbelangte, um den Übergang vom Schlepper-Produzenten zum Motorenwerk kümmerten.

Dabei liefen die ersten Prototypen noch in der Versuchsphase und zeigten diverse Mängel.

Ein weiteres Versuchsfahrzeug des Famulus 60 mit der herkömmlichen Karosserieform.

Der neue Famulus mit 60 PS überzeugte die Verantwortlichen in der DDR-Regierung nicht. Die Prospekte waren für den Famulus 60 mit Allradantrieb und herkömmlicher Karosserie auch schon gedruckt.

Das Projekt »Tandem-Traktor«

Das Institut für Landtechnik in Leipzig startete schon 1958 ein Forschungsprojekt zu einem Tandemtraktor, der aus zwei Basisfahrzeuge des Typ Famulus entstehen sollte. Auch in Nordhausen führte man Versuche zur Kopplung zweier solcher Traktoren durch. Mit der Bildung der »Sozialistischen Arbeitsgemeinschaft Tandemtraktor« im Jahre 1960 konnte noch im selben Jahr auf der Basis des RS 14/46 ein solcher Traktor gebaut und erprobt werden. Zwei weitere Fahrzeuge folgten ebenfalls noch mit den 46 PS Motoren. Für die 1963 gebauten Versuchsmuster verwendeten die Leipziger dann schon die 40 PS Motoren des späteren RT 325. Jetzt sprach man von einem serienreifen Modell, dass man 1964 der Öffentlichkeit in einem Informationsblatt mit folgendem Inhalt vorstellte: »Der Tandemtraktor ist seinem Wesen nach ein Allradtraktor mit zwei mechanisch voneinander unabhängig angetriebenen Achsen. Seine Aufbauelement sind zwei Serientraktoren, Elementtraktoren genannt. Durch entfernen der Vorderachse an beiden Elementtraktoren und Zwischenfügen eines Kopplungsgliedes entsteht der Tandemtraktor. Das Kopplungsglied als wichtigstes Teil erfüllt zwei Funktionen: 1. Zusammenschluss der beiden Elementtraktoren. 2. Horizontale und vertikale Relativbewegung beider Elementtraktoren.

Ab 1960 entstanden in Nordhausen einige Tandem-Traktoren auf der Basis der Famulus-Serienmodelle.

Mit dem 40-PS-Motor des Famulus RT 325 gelangte der Tandem-Traktor zur Serienreife; die Tage des Nordhäuser Traktorenwerks waren da aber schon gezählt.

Der Tandemtraktor besitz eine nahezu ideale Gewichtsverteilung von 60% Vorderachsbelastung zu 40% Hinterachsbelastung im statischen Zustand und damit eine maximale Zugkraft beim Pflügen von ca. 2500 kp – 3500 kp.

Der unabhängige Achsantrieb des Tandemtraktors ermöglicht erstmalig ein optimales Absetzen von Triebkräften am Boden, wobei der eventuell

Zur Vorstellung ihres Tandem-Traktors gab das Institut für Landtechnik ein Informationsfaltblatt heraus.

auftretende größere Schlupf der einen Achse die andere getriebemäßig nicht beeinflusst. Die bei Allradtraktoren auftretenden Blindkraftspitzen, die zu erhöhtem Getriebeverschleiß und Getriebebrüchen führen, treten beim Tandemtraktor wegen seiner voneinander unabhängig angetriebenen Achsen nicht auf. Der Tandemtraktor verhält sich wie ein Allradtraktor mit hydrostatischem Antrieb auf beiden Achsen. Er ist sowohl auf schweren als auch auf leichten Böden einsetzbar. Auf leichten Böden kann er 6-7-scharig, auf schweren Böden 3-4-scharig arbeiten.

Seine hervorragenden Zugeigenschaften zeigt der Tandemtraktor dann, wenn die Bodenverhältnisse so sind, dass das Maß der Beweglichkeit des gleichstarken Ketten- und Allradtraktors eingeengt ist. ... «

Das Institut für Landtechnik legte im April 1964 einen 52 Seiten umfassenden Bericht vor, in dem die Serienfertigung des RTA 550/80 empfohlen wird. Da das Projekt auf den Famulus fixiert war hatte es mit dessen Ende in Nordhausen auch keine Chance zur Verwirklichung mehr.

Vielfalt auf vier Rädern: Eigenbau-Traktoren

(Foto: Ralf Weinreich)

Selbstgebaute Traktoren als Einzelstücke – das war natürlich keine Erfindung der Mangelwirtschaft der DDR oder des Ostblocks im Allgemeinen. Aber die hierin erreichte Professionalität und der Erfindergeist, dem scheinbar keine Grenzen gesetzt waren, konnten nur dort zur vollen Blüte gelangen, wo Improvisation ein Lehrfach war, das beinahe jeden Bürger jeden Tag ein Leben lang auf die Schulbank zwang.

Dabei hatte es im Osten zunächst einmal nicht anders angefangen als im Westen: Nachdem der Zweite Weltkrieg nur wenig Ganzes übriggelassen hatte, mussten hier wie dort aus dem Zerstörten Übergangslösungen entwickelt werden. In der Sowjetzone, wo die MAS diverse Einzelstücke auf die Räder stellten, verschwanden diese nur nicht wieder so schnell wie im Westen. Manche

In der Frühzeit der Eigenbau-Traktoren dominierten einfache Einzylinder-Verdampfer-Motoren auf einfachsten Fahrgestellen.

hielten sogar ein DDR-Leben lang. Für die sehr häufig verwendeten 1-Zylinder-Verdampfermotoren, deren Produktionszeit nicht selten in den 1920er Jahren lag, war das sowieso kein Problem. Wenn man dazu keine geeigneten Teile aus Schlepper-Überresten zur Verfügung hatte, ging es auch anders: Achsen und Getriebe lieferten ehemalige Panzerfahrzeuge, Wehrmachtsgeländewagen, oder PKW und LKW der Vorkriegs- und Kriegszeit. Wenn es ein bisschen kleiner sein durfte, kamen auch Motorrad-Bauteile in Frage. Die Rahmen entstanden meist in Eigenkonstruktion: U- oder T-Träger, ein paar Rohre, ein Schweißgerät – fertig!

Mit der fortschreitenden Kollektivierung der Landwirtschaft, dem Beginn der industriellen Fertigung von Schleppern in der DDR und dem Import von Traktoren verloren die Eigenbauten für die größer werdenden Betriebe an Bedeutung. Doch eine sich rasch entwickelnde Schattenlandwirtschaft – die so genannten Feierabend-Bauern – weckten neuen Bedarf, zumal das Pferd als traditionelles Zugtier nach und nach – doch nie völlig! – auch aus den privat gebliebenen Ställen verschwand.

Die meisten Genossenschaftsbauern hatten sich nach Eintritt in die LPG einen ganz privaten, mehr oder weniger kleinen landwirtschaftlichen Betrieb erhalten. Ein paar Schweine, eine Kuh oder ein Bulle, Hühner und Kaninchen – das musste schon sein. Auf Reststücken, die die LPG nicht bewirtschaftete, wuchs das Futter. Milch für die Ferkel und Brot als Schweinefutter gab es billigst im Konsum um die Ecke. Bis zuletzt staatlich gestützte Niedrigstpreise für Grundnahrungsmittel machten dies möglich. Mit der Einführung der 43-Stunden-Woche in den Genossenschaften erhielten deren Mitglieder und angestellte Arbeiter mehr Freizeit und die Möglichkeit, diese in ihre Landwirtschaft zu Hause zu investieren. Dies geschah zum Teil in einem Maße, das manchmal nicht mehr mit legalen Mitteln zu bewältigen war. Insgesamt deckte der Staat aber durchaus diese Aktivitäten, denn die von den Feierabendbauern abgelieferten Schlachttiere, Eier, Schaffelle und anderen landwirtschaftlichen Erzeugnisse bildeten eine ganz wesentliche Stütze bei der Versorgung der Bevölkerung.

Nun wollten stolze Feierabendbauern ihre Betriebe natürlich auch so gut wie möglich mechanisieren und sich dazu nicht immer nur den Traktor aus der LPG »borgen«. Und wer nun keinen ausgemusterten Pionier, Aktivist oder Famulus erworben hatte, der bastelte sich selbst einen Schlepper zusammen – oder ließ sich einen basteln. Denn natürlich gab es auch Feierabend-

Dieser Traktor wird von einem H165-Verdampfermotor angetrieben, der seine Kraft über ein Robur-Getriebe an die Hinterräder weitergibt. (Foto: R. Dietrich © CC-BY-SA-3.0)

Dieser Eigenbau mit Deutz-Motor ist noch im Jahre 2024 voll funktions- und einsatzfähig.

Von einem MZ-Motorrad-Motor wird dieses einfache Gefährt angetrieben. Man beachte die Ketten auf dem Hinterrad!

Im Laufe der Jahre hielten zunehmend Teile aus der ostdeutschen Fahrzeugproduktion Einzug im Traktoren-Eigenbau. Wie diese Frontschürze eines LKW »Garant« aus Zittau.

schlosser, die sich auf so etwas spezialisiert hatten und inzwischen auf ein reichhaltiges Arsenal von Fahrzeugteilen aus der DDR und dem sozialistischen Ausland zurückgreifen konnten. Die Mischungen waren vielfältigst. Für eine der äußerst beliebten Einachs-Gartenfräsen genügte schon ein 50-ccm-Simson-Motor. Besser war natürlich ein AWO- oder EMW-Triebwerk. Ein Trabant-Getriebe dazu – oder gleich zwei – für Untersetzungen und Rückwärtsgänge – und das Pferd konnte endlich zum Rossschlächter.

Wenn es eine Nummer größer sein sollte – bitte: Motoren von Trabant, Moskwitsch, Robur-LKW, Famulus oder eben immer noch ein alter Deutz-Verdampfer; Getriebe von Moskwitsch, Skoda-PKW, Multicar, Wolga, F 9, Robur-LKW, Wartburg oder den Geländewagen UAS und ARO; Achsen, Lenkungen und Räder von Phänomen/Robur-LKW, Framo/Barkas, Moskwitsch, Famulus, S 4000-1, Wartburg, Multicar, Wolga, Skoda-PKW oder dem DDR-Geländewagen P3. Und das ist nur eine kleine Auswahl von Beispielen. Immer wieder gerne und häufig genutzt wurden die Teile des russischen PKW Moskwitsch. Das war in der Tat robuste Technik, die auch recht schnell zur Verfügung stand, da die Karosserie drum herum im Handumdrehen weggerostet war. Und Karosserien gab es für die Eigenbau-Traktoren entweder gar nicht oder sie wurden, wie die übrigen Teile auch, von allen möglichen Fahrzeugen zusammengeklaubt. Oder aber, wie in den 1980er Jahren, von besagten Feierabendschlossern aus meist illegal besorgtem Blech selbst gebogen.

Die meisten Eigenbauten verschwanden nach der politischen Wende ziemlich schnell. Für wenig Geld konnte man einen alten Fahr, Güldner oder Eicher auf dem Gebrauchtmarkt kaufen, oder einen ZT oder GT von einer LPG günstig übernehmen – sofern man überhaupt noch Landwirtschaft betreiben wollte.

Viele Traktoren von Eigenbau-Spezialisten sahen echt professionell aus. Wie dieser kleine Schlepper mit Cunewalder 2-Zylinder-Motor. Der Hersteller aus Lauchhammer baute über 20 Traktoren auf.

Dieser am Ende der DDR aufgebaute HT 160 mit längerem Holm war mehr oder weniger ein Eigenbau.

Technische Daten und Produktionszahlen

DER TRAKTOREN
PIONIER UND FAMULUS

DATEN DER TRAKTOREN AUS NORDHAUSEN

Typ	RS 01/40	RS 01/40 II	RS 02/22	RS 04/30	RS 14/30 W	RS 14/30 L
Bezeichnung	**Pionier**	**Typ Harz**	**Brockenhexe**	**–**	**Favorit / Famulus**	**Famulus**
Bauart	**Radschlepper**	**Radschlepper**	**Radschlepper**	**Radschlepper**	**Radschlepper**	**Radschlepper**
Motor						
Typ	4 F 145 Be/4 F 145 D (ab 1953) 4 F 145 DE (ab 1954)	4 F 145 DE	F 2 M 414	EM 2-15	2 KVD 14,5 SRW	2 KVD 14,5 SRL
Arbeitsweise	Viertakt-Dieselmotor					
Kühlung	Wasser	Wasser	Wasser	Wasser	Wasser	Luft
Zylinderzahl/Anordnung	4/Reihe	4/Reihe	2/Reihe	2/Reihe	2/Reihe	2/Reihe
Bohrung/Hub (mm)	105/145	105/145	100/140	115/145	115/145	120/145
Hubraum (cm³)	5022	5022	2200	3012	3012	3280
Verdichtung	16,8:1	16,8:1	22:01	17,5;1	17,5;1	18:01
Leistung (PS bei U/min)	40/1250	40/1250	22/1500	30/1500	33/1500	33/1500
Kraftübertragung						
Antrieb	Hinterachse					
Kupplung	Einscheiben-Trockenkupplung					
Gangzahl vor/rück	5/1	5/1	4/1	5/1	10/2	10/2
Geschw. von/bis (km/h)	3,8/17,5	3,8/17,5	4,7/16,8	3,6/18	1,24/23,75	1,2/24
Fahrwerk						
Bauweise	Blockbauweise					
Radstand (mm)	2080	2080	1752	2000	1936	1936
Spurweite vorn/hinten (mm)	1290/1390	1290/1390	1270/1270	1250-1500/1250-1500	1250-1375/1500	1250-1500/1300-1700
Bereifung vorn/hinten	6,0 x 20/12,75 x 28	6,0 x 20/12,75 x 28	5,50 x 16/9,00 x 24	6,00 x 20/9,00 x 40	6,00 x 20/11 x 36	6,00 x 20/11 x 36
Allgemeine Daten						
Länge/Breite/Höhe (mm)	36501/1728/2362	3415/1690/2200	3030/1560/2150	3500/1600/2400	3410/1700/2380	3410/1700/2380
Bodenfreiheit (mm)	300	320	310	470	425	425
Max. Leist. an Zapfwelle (PS)	22	22	15	18	17	17
Leermasse (kg)	3300	3080	1775	2500	2141	2065
Bauzeit	1949-1956	1857-1958	1949-1952	1952-1956	1956-1961	1957-1961
Stückzahl	22.725	2175	1935	7574	4596	8200

Typ	RS 14/36 W	RS 14/36 L	RS 14/46	RT 315	RT 325
Bezeichnung	**Famulus 36**	**Famulus 36**	**Famulus 46**	**Famulus 36**	**Famulus 40**
Bauart	**Radschlepper**	**Radschlepper**	**Radschlepper**	**Radschlepper**	**Radschlepper**
Motor					
Typ	2 KVD 14,5 SRW 36	2 KVD 14,5 SRL 36	2 KVD 14,5 SRW 46	2 KVD 14,5 2 SRL 36	2 KVD 14,5 SRW 40
Arbeitsweise	Viertakt-Dieselmotor				
Kühlung	Wasser	Luft	Wasser	Luft	Wasser
Zylinderzahl/Anordnung	2/Reihe	2/Reihe	2/Reihe	2/Reihe	2/Reihe
Bohrung/Hub (mm)	120/145	120/145	120/145	120/145	120/145
Hubraum (cm³)	3280	3280	3280	3280	3280
Verdichtung	18,0:1	18,0:1	18,0:1	18,0:1	18,0:1
Leistung (PS bei U/min)	36/1600	33/1600	46/2000	36/1650	40/1800
Kraftübertragung					
Antrieb	Hinterachse				
Kupplung	Einscheiben-Trockenkupplung				
Gangzahl vor/rück	10/2	10/2	10/2	10/2	10/2
Geschw.von/bis (km/h)	1,24/23,75	1,35/26,2	1,48-28,4	1,35/26,2	1,48-28,4
Fahrwerk					
Bauweise	Blockbauweise				
Radstand (mm)	1942	1942	1936	1946	1936
Spurweite vorn/hinten (mm)	1250-1375/1500	1250-1650/1300-1700	1250-1650/1300-1700	1250-1650/1300-1700	1250-1650/1300-1700
Bereifung vorn/hinten	6,00 x 20/11 x 36	6,00 x 20/11 x 36	6,00 x 20/11-38	6,00 x 20/11-38	6,00 x 20/11-38
Allgemeine Daten					
Länge/Breite/Höhe (mm)	3410/1700/2380	3410/1700/2380	3336/1602/2395	3410/1700/2380	3336/1602/2395
Bodenfreiheit (mm)	425	425	430	430	430
Max. Leist. an Zapfwelle (PS)	30	30	30	30	30
Leermasse (kg)	2100	2100	2369	2369	2369
Bauzeit	1960-1964	1960-1964	1960-1963	1964	1964-1965
Stückzahl	1.927	13.183	3.820	1.569	4.582

Typ	Geräteträger	RS 08/15	RS 09	RS 56	GT 122
Bezeichnung	**Maulwurf**	**Maulwurf**	**–**	**Hopfentraktor**	**–**
Bauart	**Geräteträger**	**Geräteträger**	**Geräteträger**	**Geräteträger**	**Geräteträger**
Motor					
Typ	DKW TL 500	IFA F 8/liv	FD 21/1 / 2 KVD 9 SVL (ab ca. 1959)	FD 21/1 / 2 KVD 9 SVL (ab ca. 1959)	2 KVD 9 SVL
Arbeitsweise	Zweitakt-Ottomotor	Zweitakt-Ottomotor	Viertakt-Dieselmotor	Viertakt-Dieselmotor	Viertakt-Dieselmotor
Kühlung	Luft	Wasser	Luft	Luft	Luft
Zylinderzahl/Anordnung	1	2/Reihe	2/V	2/V	2/V
Bohrung/Hub (mm)	88/76	76/76	85/90 / 90/90	85/90 / 90/90	90/90
Hubraum (cm³)	462	690	1020 / 1145	1020 / 1145	1145
Verdichtung	k. A.	5,7:1	18,0:1	18,0:1	18,0:1
Leistung (PS bei U/min)	8,75/2900	15/2400	15/3000 / 16,5/3000	15/3000 / 16,5/3000	18/3000
Kraftübertragung					
Antrieb	Vorderachse	Hinterachse	Hinterachse	Hinterachse	Hinterachse
Kupplung	Einscheiben-Trockenkupplung				
Gangzahl vor/rück	4/1	8/8	8/8	8/8	8/8
Geschw. von/bis (km/h)	k. A.	1,6-15,3	0,62-15,5	0,62-15,5	0,62-15,4
Fahrwerk					
Bauweise	Einholm	Einholm	Einholm	Einholm	Einholm
Radstand (mm)	1750	1400-2000	2060-2510	2060	2060-2510
Spurweite vorn/hinten (mm)	1000-1750/1000/1750	1250-1600/1250-1600	1250-1670/1250-1670	1250/1250	1250-1670/1250-1670
Bereifung vorn/hinten	5,00 x 16/6,00 x 20	6,00 x 16//7 x 36	6,00 x 16//8 x 36	6,00 x 16//8 x 36	6,00 x 16//8 x 36
Allgemeine Daten					
Länge/Breite/Höhe (mm)	2800/1950/1620	3690/1760/1740	3520/1520/1845	3520/1520/1845	3878/1520/2510
Bodenfreiheit (mm)	720	475	240/480	k. A.	480
Max. Leist. an Zapfwelle (PS)	k. A.	9	12	12	12
Leermasse (kg)	570	1330	1105	k. A.	1590
Bauzeit	1949-1952	1952-1956	1957-1962	1959-1972	1963-1972
Stückzahl	k. A.	5751	24.016	k. A.	90.506 (inkl. GT 124)

Typ	GT 124	ZT 300	ZT 303	ZT 320 (A)	ZT 323 (A)
Bezeichnung	**keine**	**Fortschritt**	**Fortschritt**	**Fortschritt**	**Fortschritt**
Bauart	**Geräteträger**	**Radschlepper**	**Radschlepper**	**Radschlepper**	**Radschlepper**
Motor					
Typ	4 KVD 8 SVL / 4 VD 8/8 SVL (ab 1967)	4 VD 14,5/12 SRW / 4 VD 14,5/12-1-SRW (ab 1978)	4 VD 14,5/12 SRW / 4 VD 14,5/12-1-SRW (ab 1978)	4 VD 14,5/12-1-SRW	4 VD 14,5/12-1-SRW
Arbeitsweise	Viertakt-Dieselmotor				
Kühlung	Luft	Wasser	Wasser	Wasser	Wasser
Zylinderzahl/Anordnung	4/V	4 Reihe	4 Reihe	4 Reihe	4 Reihe
Bohrung/Hub (mm)	80/80	120/145	120/145	120/145	120/145
Hubraum (cm³)	1600	6560	6560	6560	6560
Verdichtung	20,0:1	18,0:1	18,0:1	18,0:1	18,0:1
Leistung (PS bei U/min)	25/3000	90/1850 / 100/1800	90/1850 / 100/1800	100/1800	100/1800
Kraftübertragung					
Antrieb	Hinterachse	Hinterachse	Allrad	Hinterachse	Allrad
Kupplung	Einscheiben-Trocken-kupplung	Doppelkupplung mit Unterlastschaltstufe	Doppelkupplung mit Unterlastschaltstufe	Doppelkupplung mit hydr. Unterstützung	Doppelkupplung mit hydr. Unterstützung
Gangzahl vor/rück	8/8	9/6	9/6	12/8	12/8
Geschw. von/bis (km/h)	0,93-18	3,1-29,9	3,1-29,9	1,41/30,69	1,41/30,69
Fahrwerk					
Bauweise	Einholm	Halbrahmenbauweise	Halbrahmenbauweise	Halbrahmenbauweise	Halbrahmenbauweise
Radstand (mm)	2060-2510	2800	2800	2800	2800
Spurweite vorn/hinten (mm)	1250-1670/1250/1670	1500-1875/1550-2000	1730/1650-2000	1585/1650	1840/1766
Bereifung vorn/hinten	6,00 x 16/8-36	7,50-20/15-30	12,5-20/15-30	10-20/15-34	16-20/15-34
Allgemeine Daten					
Länge/Breite/Höhe (mm)	3878/1520/2510	4889/2017/2586	4890/2170/2670	4935/2320/2760	4935/2320/2760
Bodenfreiheit (mm)	480	440	319	475	350
Max. Leist. an Zapfwelle (PS)	18	70	70	70	70
Leermasse (kg)	1600	4950	5195	4980	5650
Bauzeit	1963-1972	1967-1984	1972-1984	1984-1990	1984-1990
Stückzahl	90.506 (Inkl. GT 122)	72.382 (inkl. ZT 303)	72.382 (inkl. ZT 300)	13.815 (inkl. ZT 323)	13.815 (inkl. ZT 320)

DATEN DER TRAKTOREN AUS BRANDENBURG

Typ	RS 03/30	KS 07	KS 30	KT 50
Bezeichnung	**Aktivist**	**Rübezahl**	**Urtrak**	**–**
Bauart	**Radschlepper**	**Kettenschlepper**	**Kettenschlepper**	**Planierraupe / Überkopflader**
Motor				
Typ	16 V 2	4 F 175 B3 (4 F 175 D1)	4 F 175 D2 (4 F 175 D3)	4 F 175 D 5
Arbeitsweise	Viertakt-Dieselmotor			
Kühlung	Wasser			
Zylinderzahl/Anordnung	2/V	4/Reihe	4/Reihe	4/Reihe
Bohrung/Hub (mm)	115/160	125/175	125/175	125/175
Hubraum (cm³)	3325	8590	8590	8590
Verdichtung	16,0:1	17,0:1 (19,0:1)	19,0:1	19,0:1
Leistung (PS bei U/min)	30/1500	60/1150 (62/1150)	63/1150	63/1150
Kraftübertragung				
Antrieb	Hinterachse	Laufrollen	Laufrollen	Laufrollen
Kupplung	Einscheiben-Trockenkupplung			
Gangzahl vor/rück	4/1	4/1	4/1	4/1
Geschw. von/bis (km/h)	3,9-17,8	4,0-8,1	3,2-7,48	2,8-9,0
Fahrwerk				
Bauweise	Blockbauweise	Blockbauweise, Kastenlaufwerk	Blockbauweise, Pendelrollenfahrwerk	Blockbauweise, Kastenlaufwerk
Radstand (mm)	1650 (1700)	5 Laufrollen pro Seite	4 Laufrollen pro Seite	5 Laufrollen pro Seite
Spurweite vorn/hinten (mm)	1350/1300	1245	1245	1245
Bereifung vorn/hinten	6,00 x 16/9,00 x 24	360 mm Kettenbreite, 39 Glieder	360/420 mm Kettenbreite, 41 Glieder	360 mm Kettenbreite, 44 Glieder
Allgemeine Daten				
Länge/Breite/Höhe (mm)	2685/1630/2300	3820/1620/2400	3470/1610/2200	3820/1620/2400
Bodenfreiheit (mm)	290	280	391	280
Max. Leist. an Zapfwelle (PS)	18	38	38	38
Leermasse (kg)	2150	5300	5200	5300
Bauzeit	1949-1952	1952-1957	1956-1964	1958-1965
Stückzahl	3.761	5.665	4.486	2.789

AUSGEWÄHLTE KLEINSERIENTRAKTOREN

Typ	GTP 100	HT 140	UT 082	DFZ 632
Bauart	**Geräteträger**	**Radschlepper**	**Radschlepper**	**Radschlepper**
Motor				
Typ	2 VD 8/8-2 SVL	4 VD 8,8/8,5-3 SRF	2 VD 8/8-2 SVL	4 KVD 8 SVL
Arbeitsweise	Viertakt-Dieselmotor	Viertakt-Dieselmotor	Viertakt-Dieselmotor	Viertakt-Dieselmotor
Kühlung	Luft	Wasser	Luft	Luft
Zylinderzahl/Anordnung	2/V	4/V	2/V	4/V
Hubraum (cm³)	800	2000	800	1600
Verdichtung	18,0:1	18,0:1	18,0:1	k. A.
Leistung (PS bei U/min)	15/3000	36/2300	15/3000	26 (28)/2300
Kraftübertragung				
Antrieb	Hinterachse	Allrad	Hinterrad	Hinterrad
Kupplung	Einscheiben-Trockenkupplung			
Gangzahl vor/rück	8/2	8/8	4/1	3/1
Geschw. von/bis (km/h)	1,0-19,5	1,95-20,16	1,2-22	8,0-28
Fahrwerk				
Bauweise	Einholm	Plattenrahmen	Halbrahmenbauweise	Halbrahmenbauweise
Radstand (mm)	2150	1960	1715	1480
Spurweite vorn/hinten (mm)	1500-1800/1500/1800	1330/1230	860-1140/900-1250	850/850
Bereifung vorn/hinten	26 x 5/6,00 x 16	10-20/10-20	5.20-13/8.3-24	5,20 x 13/6,50 x 16
Allgemeine Daten				
Länge/Breite/Höhe (mm)	3625/1730/2310	4120/1640/3680	3070/1175/2000	2750/110/1970
Bodenfreiheit (mm)	k. A.	290	350	k. A.
Max. Leist. an Zapfwelle (PS)	12	30	12	k. A.
Leermasse (kg)	1200	3200	1130	1600
Bauzeit	1985-1990	1985-1990	1985-1990	1965-1983